书籍设计

高等艺术院校视觉传达设计专业规划教材

姜　靓　编著

中国建筑工业出版社

《高等艺术院校视觉传达设计专业规划教材》编委会

序

中国艺术设计教育进入了繁荣发展的关键时期，以发展的角度来看，艺术设计教育早期的知识建构及专业知识的传播功不可没。然而，传统的教学方法观念落后、内容陈旧，逐渐难以满足高速发展的社会需求。中国现代设计艺术教育的基础源于传统工艺美术教育，在发展上又借鉴了包豪斯教育理念和发达国家的设计教育思想，随着国家高等教育规模的迅速扩大，设计艺术教育日益呈现突飞猛进的发展态势。从教学方法学视角看，设计艺术教育是通过强化实践环节，促进学生能力培养来实现的，理论与实践相结合是培养社会发展所需求的设计人才的重要模式，而工作室教学模式正体现了这一教学理念，它以教学为中心，以教学团队联合施教的方式，将教学、研究、设计有机地融为一体，不仅扩大了施用范围，同时又不必苛求外在配套条件，是学生实践能力和创新能力的提高途径。无疑，这正是一条更适合我国设计教育土壤的创新型人才培养新路径，也是艺术设计实践教学改革的必经之路。

艺术设计方面的教材在专业构建的早期可谓寥若星辰，之所以艺术设计专业没有“院编”教材的原因有多种：首先，不同的学校，教学目标、办学层次不同；其次，艺术设计是与时俱进的专业，有不断更新补充内容以适应发展需求的特点；再次，艺术设计的创造性思维不同于理工学科，因为有着“艺术”的界定而使设计没有绝对的衡量标准。因而，长期以来艺术设计教育因渊源不同而各自相异，可谓名副其实的“百家争鸣、百花齐放”。

基于上述特点，也基于对设计教育现状的了解，针对工作室教育模式设计编订规范性教材的难度是显而易见的，这无形之中对新编系列教材的编纂工作提出了更高的要求。

一个学校的教育思想是非常重要的，会直接渗透到编订教材的方方面面。江南大学设计学院作为国内第一个明确以“设计”命名的学院，发展历经数十年，形成了自己独有的艺术设计教育理念，积累了科学的设计教育方法。依托设计学院近年所承担的国家级、省部级教学改革研究项目和国家级、省部级教学成果以及省级“品牌”专业建设的成效，江南大学设计学院与中国建筑工业出版社共同策划并推出本套高等艺术院校视觉传达设计专业规划教材。

本套教材以艺术设计工作室教学为基础，是基于工作室教学不只承担原有的教学功能，与传统课堂教学相比，它的理论讲授不仅仅包含着学生应掌握的课程理论知识，还包括了工作室教学自身所独有的系统理论，为设计教育的后续实践研究指明方向。

本套教材的内容涵盖了工作室教学模式的诸多特点，由产学研一体化形成的综合性功能、由责任制形成的自我制约机制和由师生共同参与而成的团队合作是工作室教学模式的三大特点。这些特点说明工作室教学活动的实践性和研究性均是在系统理论的框架内完成的，因此其课程设计具有严密逻辑性和系统性。在编写的过程中，我们力争做到信息全面、内容丰富、资料准确，追求以前沿的意识更新知识的观念，解决目前艺术设计教育现实的难点，力争以研究的态度，培养学生掌握课题的能力。同时，在教学实践方面，书中融入了所有作者多年的教学实践、设计实践心得，既有优秀科学的训练方法，又有学生实践课题饱含的智慧。

感谢江南大学设计学院历届参加工作室课题研究的同学们，他们的积极参与给视觉传达工作室教学实践环节提供了大量优秀的设计作品，这些优秀设计作品成为本套教材中最具有实际意义的教学资料，为广大读者提供了有趣的启迪。教材建设是一个艰难辛苦的探索历程，书中的不足之处还恳请专家学者批评指正，也希望广大同学朋友通过学习与实践提出宝贵的意见。感谢参与本套教材编纂的全体老师，感谢江南大学设计学院视觉传达系，特别感谢为本套教材提供鲜活案例的视觉传达系历届同学们！

江南大学设计学院

陈原川

写于无锡太湖之滨

目录

本书的编著，是在对新时代书籍设计的现状以及对书籍设计教学基础上进行的一次全新的思考，它力求放眼国际书籍设计，传播中国传统文化，结合优秀案例，畅谈自身的认知与感受，并结合教学实践完成。本书在编著时，还在阐述书籍整体规划设计的重要性、倡导书籍设计的新概念方面作了认真的探索，但愿能给学生和读者在书籍设计时带来某些感悟，从中汲取智慧与精华。

感谢江南大学设计学院视觉传达专业设计的同学为本书提供了优秀的作业范例。感谢陈原川、魏洁老师以及我的父亲对本书的宝贵指导。感谢赵亭亭、陈方圆、伏涛同学为本书的图片整理所做的辛勤工作。限于编者的经验和水平，书中难免有疏漏与不足，恳请有关专家、同行批评指正。

第1章 概述

1.1书籍的概念

文字与承载材料结合在一起形成的整体，称之为“书”。

书籍，从形式上说是印刷装订成册的图书和文字。

从功能上说，书籍是人类用来记录一切成就的主要工具，也是人类用来交融感情、取得知识、传承经验的重要媒介，更是积累人类文化、推动人类文明的重要工具。书籍是历史的产物，是文化的结晶。书的出现使得人类开始从蒙昧状态走向文明。

图1.1

《御制数理精蕴》清康熙年内府铜活字印本（五十三册）这本书是介绍西方数学知识的数学百科全书。

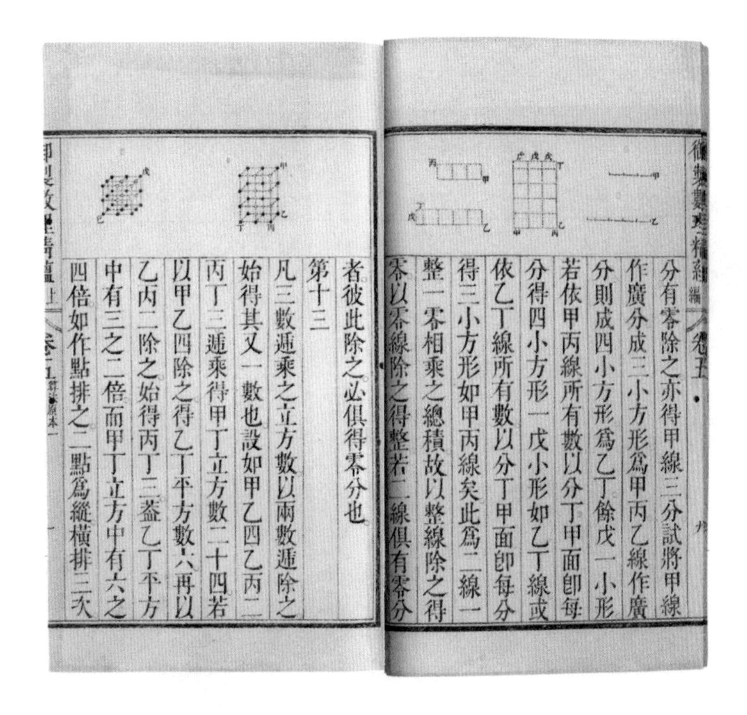

分有零除之亦得甲線三分試將甲線
作廣分成三小方形爲甲丙乙線作廣
分則成四小方形爲乙丁餘戊一小形
若依甲丙線所有數以分丁甲面卽每
分得四小方形一戊小形如乙丁線或
依乙丁線所有數以分丁甲面卽每分
得三小方形如甲丙線矣此爲二線一
整一零相乘之總積故以整線除之得
零以零線除之得整若二線俱有零分
者彼此除之必俱得零分也
第十三
凡三數遞乘之立方數以兩數遞除之
始得其又一數也設如甲乙四乙丙二
丙丁三遞乘得甲丁立方數二十四若
以甲乙四除之得乙丁平方數六再以
乙丙二除之始得丙丁三叠乙丁平方
中有三之二倍而甲丁立方中有六之
四倍如作點排之二點爲縱橫排二次

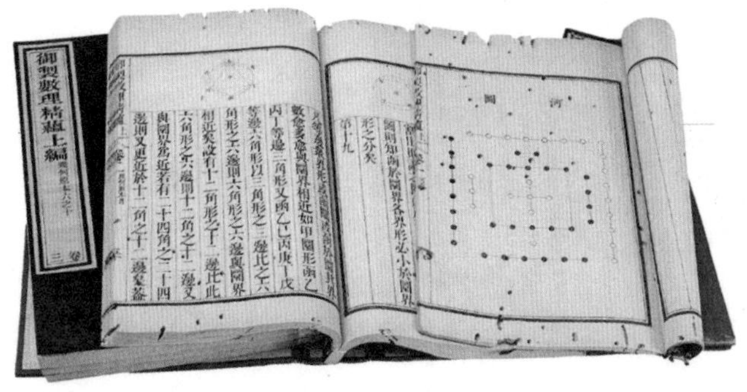

书籍的历史和文字、语言、文学、艺术、技术、科学的发展有着紧密的联系。它最早可追溯于石、木、陶器、青铜、棕榈树叶、骨、白桦树皮等物上的铭刻。将纸莎草用于写字，此举对书籍的发展起了巨大的推动作用。约在公元前30世纪，埃及纸草书卷的出现，是最早的埃及书籍雏形。纸草书卷比苏美尔、巴比伦、亚述和赫梯人的泥版书更接近于现代书籍的概念。

中国最早的正式书籍，是约在公元前 8世纪前后出现的简策。如果说以简策为最初的书籍形态，中国至少已有近3000年的书籍史。

《SHV沉思录》
这本书的制作复杂而艰难，设计师花了5年多的时间才完成它。书的外表相当普通，但重量有3.5kg，厚度为114mm。当打开书时，书的插图和印在页边上的文字便映入眼帘，其他隐藏的信息做成水印图文，只有用一些经过特别处理的纸才能显现。公司的创始日和百年庆典日期印在书脊上下侧面。这本书使用了许多高科技，包括文字激光刻印技术。

图1.2

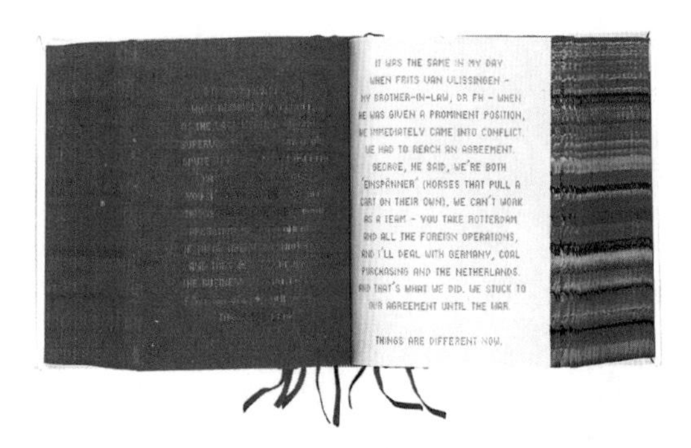

1.2书籍设计的概念

书籍设计，是指从书籍的文稿到编排出版的整个过程，以最新的逻辑讲，策划、编辑乃至书籍的定价和档次都应该属于设计的一部分。它也是完成从书籍形式的平面化到立体化的过程，包含了艺术思维、构思创意和技术手法的系统设计，以及从书籍的开本、装帧形式、封面、腰封、字体、版面、色彩、插图到纸张材料、印刷、装订及工艺等各个环节的艺术设计。在书籍设计中，只有从事整体设计的才能称之为书籍设计，只完成封面或版式等部分设计的，只能称作封面设计或版式设计。

图1.3

刘治治设计的《坏孩子的天空》
利用特殊的材料，让书籍封面隐藏在一种材料里面，外面附载着新兴的可刮掉的材料，给读者留下一个互动的空间，可以刮出自己想要的图形，这种刮的感觉又很像坏孩子的某个小恶作剧，流露着调皮的气息。

1.3书籍装帧与书籍设计

“装帧”一说来源于日本，还有“装订”、“装画”之说，这是由丰子恺在20世纪30年代从日本带入中国的。“装帧”的“帧”为数量词，“装帧”一词的本意为纸张折叠成一帧，由线将多帧装订起来，附上书皮，贴上书签，并进行具有保护功能的装饰设计。
“书籍装帧”作为专业用语，在我国已经使用了很长的时间。20个世纪以来，在大多数人心目中，“书籍装帧”只是对书籍的封面进行美化设计，逐渐的“书籍装帧”成了封面设计的代名词。大多数“装帧”都是停留在二维思维和绘画式的表现方法所完成的对封面和版式的设计。由于当时的社会发展状况和经济以及环境的制约，同时也因为认识上的局限，使得设计师无法参与到书籍的整体设计中去。

而今，也有许多设计师受装帧观念的束缚，定向思维地将自己的工作限定在给书籍做外包装上，很少注意内文的视觉传达和书籍整体框架的设计，也有受出版社强调利润的空间、节约成本的影响。

这是一本新建纽约现代艺术博物馆的宣传册，主题宣扬错乱中的和谐之美。
这本书采用螺旋装订，并采用了不同尺寸和厚薄的纸张，造成一种页码上多变的错乱效果。

图1.4

再有文字编辑的素养不够，缺少一定程度对书籍艺术表现力的鉴赏力，从而使得书籍的设计不够全面、完整。

而西方没有“装帧”这个定义，主要用“Book Design”一词，翻译即为“书籍设计”。其中包括Bookbinding——书籍装订或封面装帧；Typography——排版设计；Editorial Design——编辑创意设计。可以由此看出，书籍设计真正包含的是三位一体的、系统的、整体的设计。可以说“书籍装帧”只是“书籍设计”的一部分。

所以说，一个完整的、系统的“书籍设计”所要涉及的方面是很多的。首先，要与作者及出版方探讨，了解并感知书籍的内容，这样才能够做出正确的设计定位，确立设计的风格。然后设计合理的封面装帧，从开本的大小、到厚薄，再到装订的形式以及翻阅的方式。用理性的方式梳理编辑内文的诸多要素，结合感性的艺术手法，使得书籍的编辑创意达到一个制高点，并合理而巧妙地运用现代技术，通过材质、印刷及工艺将书籍更好地物化呈现，最后审核设计的可读性。

图1.5 书籍设计的系统设计流程

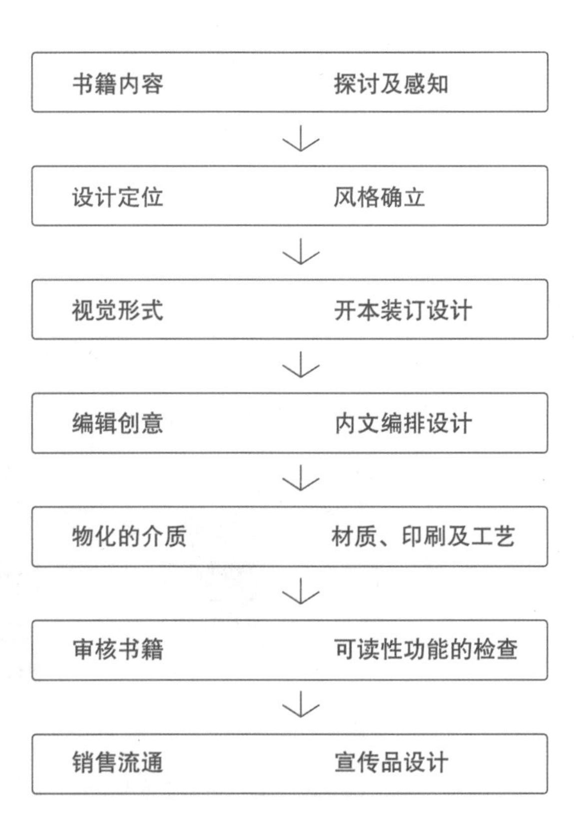

长期以来，书籍设计一直被局限在装帧这个传统的思维中，被人认为是平面的视觉载体。通常人们也认为，书籍设计是设计师在电脑中对文字、图像以及色彩进行平面的拼贴，只不过是在做版面游戏，然后将平面的封面包裹出一本立体的书籍。

而今，书店里各种各样装饰精致的书籍让人目不暇接，这无疑是新时代的设计师对于书籍设计这一概念的全新认识。书籍设计是一个立体的思维，它是打破二维、涵盖三维、涉及四维的系统的、全面的设计。它不仅要创造出书籍的形态，还有通过设计让读者参与阅读并与书发生互动，全方位从书中感知到设计的魅力。

由此可见，书籍设计师就是一座连接作者与读者之间的沟通桥梁，用设计去诠释作者的文字，用设计引导读者去触碰、了解、感受作者的文字及心声。

理清“书籍装帧”与“书籍设计”之间的概念区别，可以推进人们对书籍艺术特质和功能以及书籍设计语言的认知，改变滞后的出版观念，并用这样的观念去影响社会、作者、出版者、编辑、书商以及读者，提升社会对书籍的整体品味及艺术需求，从而提升中国书籍设计的整体水平。

《 Anni Kuan 设计室》是一本独一无二的书目，既精致又美观，同时成本低，并且阅读后可以自由处置。书目上的图片主要是服装，没有模特。比如有一张图片在一件外套上用印刷体写着“不要戴仿裘皮披巾”。这个小册子使用本地便宜的新闻纸来印刷，像在洗衣店里看到的那样，服装书目被简单的挂衣架吊挂起来。

图1.6

第2章 中国书籍设计的历史与发展

2.1传统书籍的形成及演变

书籍的装帧形态在历史的长河中变化多端，其涉及的内容也是很丰富、复杂的。书籍装帧的初期形态并非纸质的形态，而是通过绳子、竹木、树皮、陶片、甲骨、金属、石头、缣帛做载体，最后才走上了纸质的装帧道路。

■结绳书

郑玄在其《周易注》中云："古者无文字，结绳为约。事大，大结其绳；事小，小结其绳"。从古人的记载中就能看到，结绳是帮助记忆或示意记事的方法，虽然简单，但比单凭记忆要牢靠得多。

结绳的作用在于将绳结和思想相联系，有了"约定俗成"的作用，能够成为交流思想的载体。同时结绳可以保留、传世，所以在某种意义上来说，它具备了书籍的作用，而成为文字发展的先驱。

■契刻书

汉朝刘熙在《释名·释书契》中云："契，刻也，刻识其数也"。契刻缺口表示数目，以帮助记忆，作为双方的"契约"。与结绳书一样，契刻也是承载信息的一种方式。

图2.1 秘鲁印加人结绳记事图形

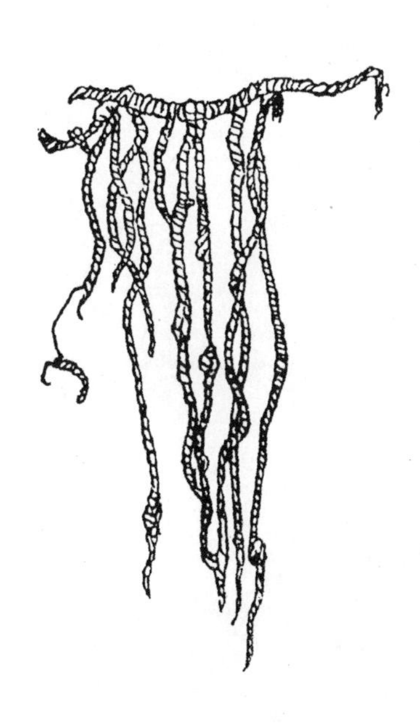

■图画文书

据考古学家们证实，在旧石器时代，人类已经能够在他们居住的洞穴墙壁上画画，远古的人类早就会用图画把生活中的事物表达出来。

“岩画可以说是原始社会的百科全书，举凡当时的生产劳动、社会组织、宗教信仰、文化娱乐等，真是应有尽有”（陈兆复《写在<中国岩画>出版之时》）。图画文书传达信息、交流思想，从图画的实际意义及它的历史作用来说，已经起到了书籍的作用。

■陶文书

陶文写或刻在彩陶上，陶器就是陶文书的载体。
从不同地区的陶文所在陶器上的位置可以看出，先民们已经开始注意到陶文排列位置的空间关系，可以认为这是最古老的版面设计。

■甲骨文书

著名的历史学家胡厚宣在《中国甲骨学史》（序）中说道：“所谓甲骨文，乃商朝后半期殷代帝王利用龟甲兽骨进行占卦时刻写的卜辞和少量记事文字”。

甲骨文书是中国古代书籍的初级形态之一，甲骨文字也是中国古代书籍初级形态中最早出现的文字。

■金文书

青铜器上刻有铭文，也称“金文”、“钟鼎文”，大多用于重大事件的发生。西周开始，主要用于祭祀典礼，征伐纪功，赏赐锡命等。

金文的载体是青铜器，一个带铭文的青铜器就是一“本”金文书。

■石文书、玉文书、碑文书

在石、玉、碑上写字或刻字，用以记载生活中的各类事件，就形成了石文书、玉文书和碑文书。如石鼓文、《熹平石经》、《候马盟书》等。

图2.2
图2.3
图2.4

图2.2 刻有文字的龟甲甲骨文书
图2.3 刻有文字的骨兽
图2.4 牛肩胛骨上的卜辞拓片

2.2书籍装帧的正规形态

中国书籍装帧的正规形态的形成与发展，可以以书籍制度进行划分，
（一）简策制度也称简牍制度，公元前11世纪至公元前2世纪，周代至秦汉。
（二）卷轴制度，公元4世纪至公元10世纪，六朝至隋唐。
（三）册页制度，公元10世纪至公元21世纪，五代至明清，有的形式至今尚在使用。

■竹简
《周礼·内史》云："凡命诸侯及孤卿大夫，则策命之。"
许慎在《说文解字·序》中说："著于竹帛谓之书。"

简策是一种用竹木材料记载文字的书。

《左氏传序疏》云："单执一扎谓之简，连编诸简乃名为策。"也就是说，一根竹片称之为"简"，把两根以上的"简"连接起来，称之为"册"或"策"。

从简策开始，中国书籍形式取得了一定的形态，对于后世书籍的名称、阅读的习惯、书写的方式以及书籍版式的形成都起到一定的影响作用。例如后世书籍一直沿用自右向左、自上而下的书写与阅读方式，又例如版面上的"行格"形式等。

■木牍
木牍是用木板制成的长方形的板，上面可以书写文字，基本形式同竹简，单木牍原用于公文，不做长篇文籍之用，数片连于一处，称之"札"。

图2.5 敦煌悬泉出土的汉简
图2.6 木牍

图2.5 图2.6

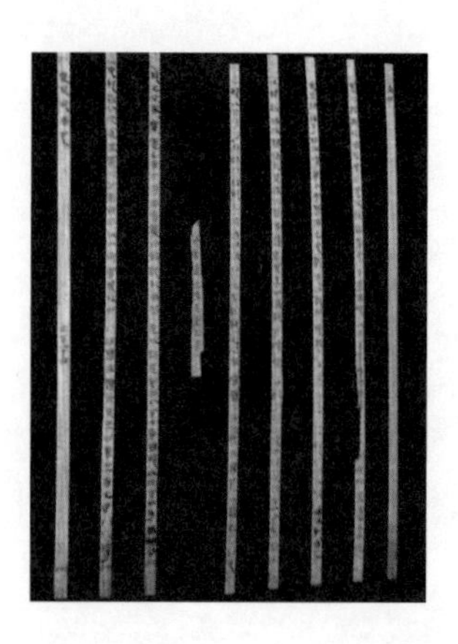

木牍可以制成数面而成棱角形状，三面可以书写。敦煌和居延发现的《急就章》便是，这种形式的木牍可以竖立于桌上，为启蒙教育及习字之用，很是方便，它称之为“觚”。

■缣帛

在帛上写文章，古人称之为“帛书”，帛书的承载物是缣帛，缣是一种精细的绢料，帛是丝织品的总称。简策书正在盛行时期，帛书只是用来抄写整理好且比较重要的书籍。

帛与简策之间最大的区别除了材质不同外，其版式也有很大的区别。帛比相同面积的简策所写的字要多得多，而且可以一部分文字、一部分绘画，甚至可以将写好的帛书与帛画粘贴于一起，使得版式上更加丰富。

帛书的装订方式也相对简单，一块帛写好后，再用另一块帛续写，然后将他们粘起来，加以一根轴，便成卷子。为了便于检阅，在卷口用签条标注书名，称为“签符”，又称“签条”。帛书可大可小，可宽可窄，可以一反一正。它可折叠存放，类似后来的经折装，也可卷起来，类似后来的卷轴装书。

■卷轴装书

中国在西汉时期就已经试用各种纤维造纸，东汉的蔡伦总结各种造纸经验，于公元105年发明了造纸术。由于纸张的原料充足，成本低廉，开始使用于民间，使得卷轴装书迅速地发展起来。

图2.7 图2.8

图2.7 《钦定四库全书简明目录》四卷
卷轴装，红木书盒。仿宋盘絛纹织锦包首，镶嵌青玉轴头，淡绿、浅黄双色绫天头，洒金笺引首，浅黄色绫隔水，海水江牙杂宝纹绫带，上端系青白玉别。

图2.8 卷轴装书各部位及插架示意图

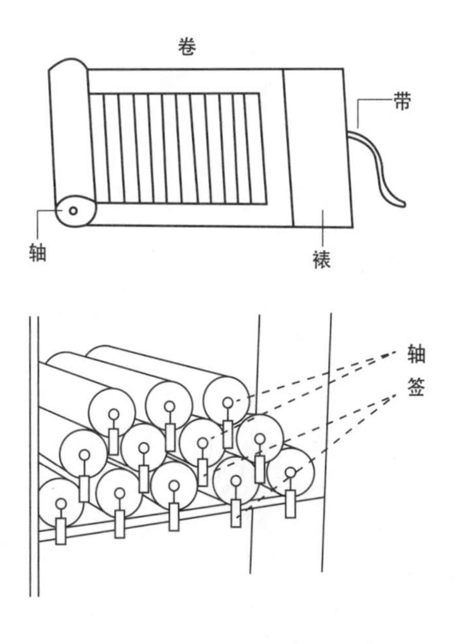

随着纸的广泛使用，图书传抄的盛行，对书籍装帧也开始进一步讲究起来。

将一张张纸粘成长幅，以木棒等做轴粘于纸的左端，比卷子的宽度长一点，以此为轴心，自左向右卷成一卷，即为卷轴装书，曰“卷子装”、“卷轴装”。卷子的右端是书的首。为了保护书，往往在其前面留下一段空白，或者粘上一段无字的纸，叫作“褾”、“玉池”，俗称“包头”，其前端中间还系上一根丝带，用来捆扎卷子。轴头挂一牍子，标明书名、卷次等，称为“签”。卷轴装书的褾通常用白纸，也有以丝织品为材料。褾头上再系丝织品用于缚扎，称之为“带”。古人对于“褾”、“带”的材质、颜色、形式都很讲究。卷轴装书卷后，可放置于帙、囊之中。放置于书架之上，卷轴的轴头和签均露于帙外，便于查找书籍。

卷轴书时期，卷面上已出现“眉批”、“加注”的注释文字，卷末也留有“题跋”的位置。敦煌遗书中可看到，一部分的卷尾加注抄写的日期以及抄写、校阅、监督等人员的姓名，可以说书籍的一些初期形式已经展露出来了。

■梵夹装书（叶子）
梵夹装可以说是中国传统书籍装帧史中唯一一个“舶来品”。

图2.9 梵荚装书示意图
图2.10 梵夹装《大藏经》

图2.9
图2.10

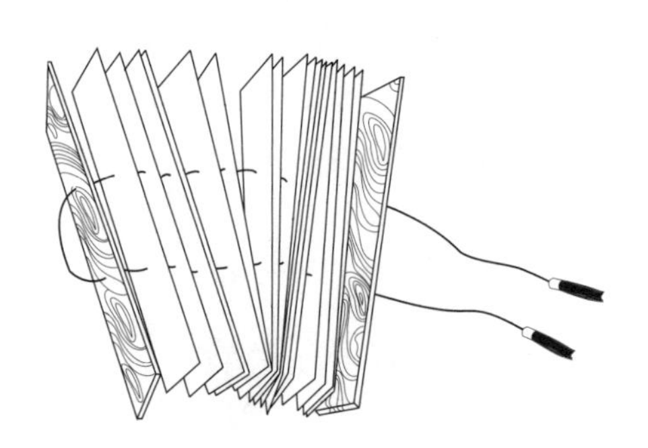

人们经过长时间卷轴装的使用，渐渐感到不方便，尤其对于某个文字或者某个段落的查找，需要打开整卷的书，所以人们开始改良卷轴装的方法。

隋唐时期的佛学很兴盛，佛经由印度大量的流转到中国，其形式大多是单页的梵文贝叶经。贝叶，即为印度的一种名为“贝多树叶”的简称。贝叶经，就是将此树叶积累打孔，穿绳，上下夹以木板，再用绳子捆扎而成。古人在此基础上发展了汉文的“梵夹装”。其中的树叶多以纸张替代，上下夹的除木板外还有厚纸等材质。

书籍由卷轴转为折叠，再转为册页的发展形式中，还经历了叶子的演变过程。

图2.11

《满文大藏经》经版佛画（满文朱印本）
梨木，两面镌刻文字，版四周以披麻松漆工艺加以保护。扉画书版，尤显精美，造型生动，姿态传神。

■旋风装书

旋风装书是一种特殊的装帧形态，其中出现了页子，并双面书写，对书籍装帧的演变具有重要的历史意义。

其外边仍是卷轴装的形式，展开后除首页裱于底纸上，不能反动，其余均与现代书一样，可逐页翻转。其形式主要是将写好的书页按顺序自右向左先后错落叠粘，舒卷时宛如旋风，故称之为“旋风装”，又因其展开后形似龙鳞，也称之为“龙鳞装”。

■经折装书

经折装书，和佛与佛经有着密切的关系。将原先做卷轴装的纸一张一张地粘接成长条形状，用类似古代帛书的叠放方式，一反一正，在两行之间，均匀地左右连续折叠成长方形的折子，也模仿了梵夹装的做法，在卷首、卷尾分别粘接两块木板或厚纸，作为保护书的封面和封底，签条粘贴于封面上。在敦煌出土的唐代《入楞伽经书》、五代天福本《金刚经》、宋代佛典《毗卢藏》等都是经折装书。

图2.12 经折装书示意图
图2.13 经折装书
图2.14 旋风装书示意图

	图2.12
图2.13	图2.14

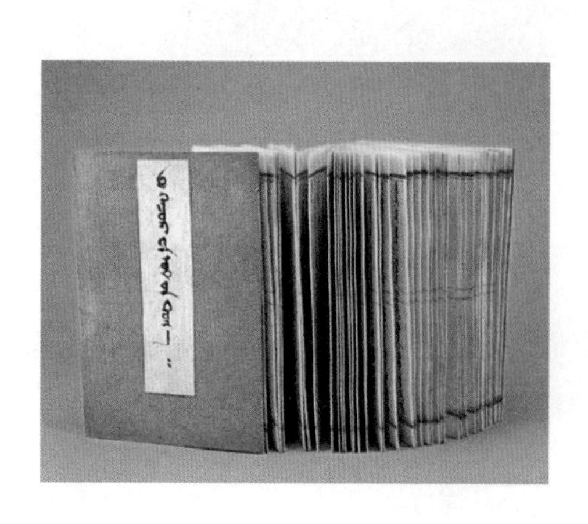

■蝴蝶装书

蝴蝶装出现于经折装之后，由其演化而来。它是随着雕版印刷技术的发明而产生的，是册页书的中期表现形式。

由于经折装折痕处容易断裂，于是书籍的形式转向册页的方向发展。将书页从中缝处字向内对折，中缝处上下相对的鱼尾纹，是方便折叠时找准中心而设的。书页是单面印刷，然后将每一书页背面的中缝粘在一张裹背纸上，粘齐，再用一张硬厚整纸对折粘于书脊，作为封面和封底，再将三边裁齐，这样一册书就完成了。翻阅时，书页如蝴蝶展翅，故称为“蝴蝶装”。叶德辉在《书林清话》中说：“蝴蝶装者，不用线订，但以糊贴书背，以坚硬封面，以版心向内，单口向外，揭之若蝴蝶翼。”

蝴蝶装书放置时，书背向上，书口向下，依次排列。因书口容易磨损，所以版面周围空间往往设计得特别宽大，即使磨损也可处理，重新裁切整齐也不伤及文字内容。

图2.15
图2.16
图2.17 图2.18

图2.15 蝴蝶装书中缝的形式示意图

图2.16 蝴蝶装书结构示意图

图2.17 蝴蝶装书插架示意图

图2.18 《古迂陈氏家藏梦溪笔谈》二十六卷
此本据南宋乾道本重刊，尚可窥宋本旧貌，也为现存最早版本。书为蝴蝶装，开本宏朗，版心极小。

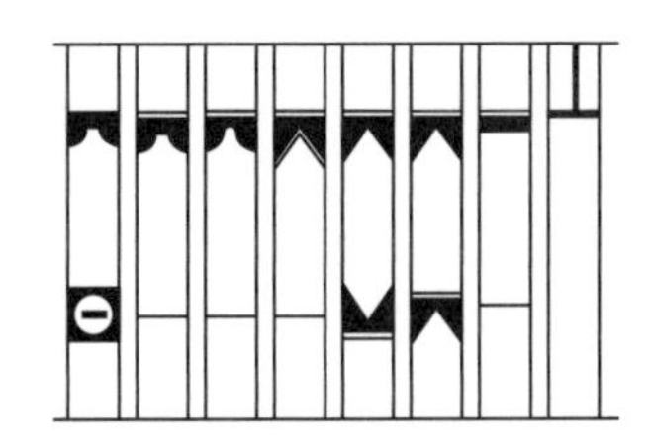

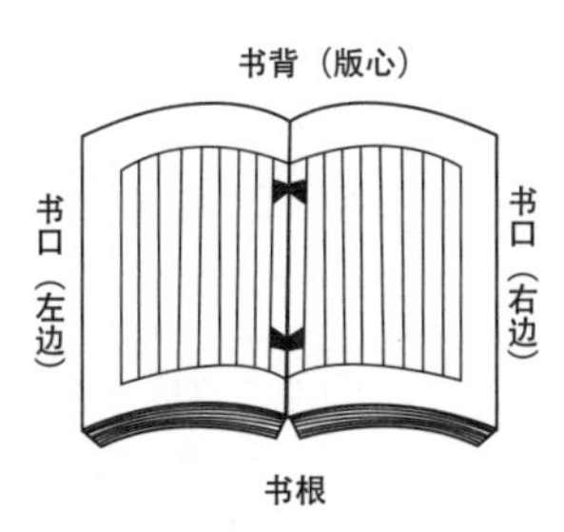

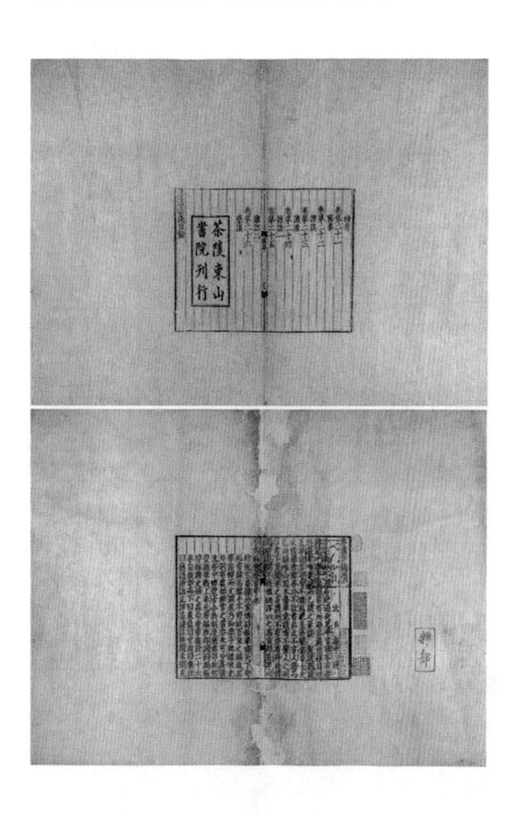

■包背装书

包背装出现在南宋后期，在元代有很大发展，盛于明代，清代也颇为盛行。

蝴蝶装有很多优点，例如由于版式的特点，画幅可以占两面；因其书口向下，书背向上置放，灰尘不易落入书内；如遇水洇、虫蛀，不易伤及文字内容。但其也有缺点，例如背面粘在背纸上，切口出现很多散页；单面印刷，有油墨一面容易有所粘连，翻阅时需连翻两页才能见一页；装订方式不如线装更结实，容易脱落。而包背装解决了这些缺点，所以一些经典巨著多采用包背装的形态。

包背装是将书页有文字的一面向外，以折叠的中线作为书口，背面相对折叠。翻阅时，看到的都是有字的一面，可以连续不断的阅读下去，增强了阅读的功能性。为解决书背胶粘不牢固的问题，采用了纸捻装订的技术。最后以一整张纸绕书背粘住，作为书籍的封面与封底。

图2.19 包背装书示意图
图2.20 线装书及书套的示意图
图2.21 线装书装订分类示意图

图2.19
图2.20 图2.21

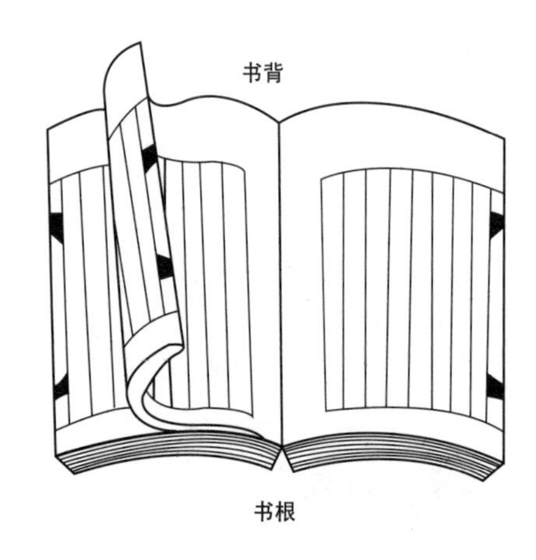

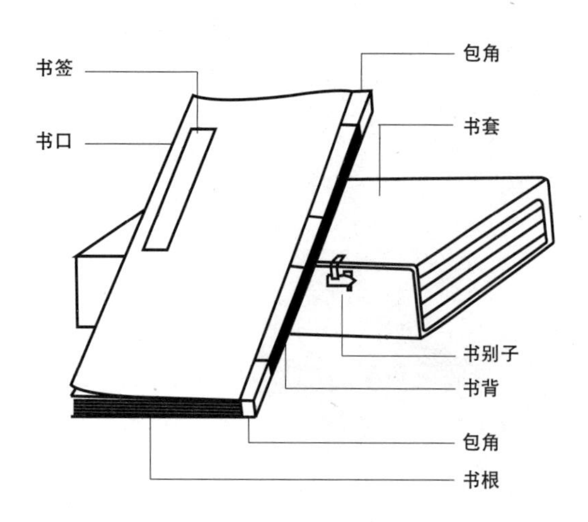

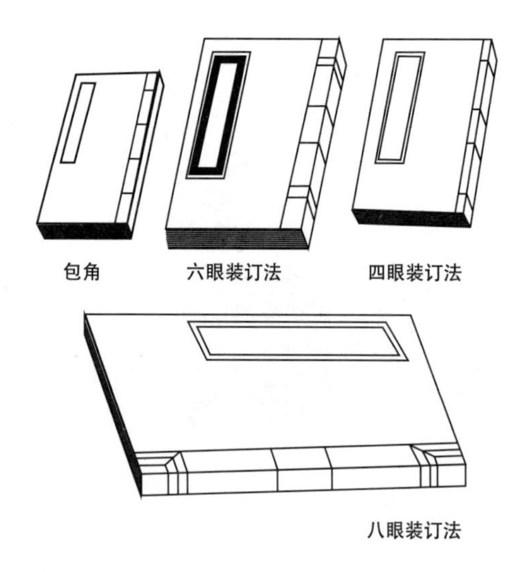

■线装书

线装书是中国古代书籍装帧形态的最后一种形式，它克服了包背装书的缺点，不易散落，形式美观，是古代书籍装帧发展成熟的标志。

线装书与包背装书差异不大。线装的封面封底不再是整张纸绕背胶粘，而是上下各一张散页，与内页同时装订。装订的方式是在书脊处打孔用线串牢。线的材质多为丝质或棉质。装订一般为四眼订法，也有六眼订和八眼订。讲究的书有绫绢包角，用以保护订口上下的书角，包角影响通风，易生虫，要格外注意。

线装书的书皮为软纸，所以线装书基本质地较软，插架和携带均有不便之处，尤其是套书更加不便。这种情况下人们就考虑加套、加函。书套是中国古代书籍传统的保护装具，其制作材料主要用硬纸做成。函以木做匣，用以装书。匣可做成箱式，也可以做成盒式，开启方法各不相同，也有用纸盒装的。

图2.22

《分类字锦》六十四卷
清康熙六十一年内府刻本

2.3近代书籍设计的发展与进程

1. 19世纪末至新中国成立前夕

“五四”运动前后，由于新文化运动的发展，书籍受到当时政治、文化、经济的影响，从而进入了一个全新的局面。他打破旧传统，从技术到艺术形式都为新文化运动提供了全新的书籍服务。

首先，新文化运动、白话文运动等革新运动开启了民智，使得文化知识从精英式神坛走向了大众化民间，这是一次文化普及的大推动，从而影响了书籍设计的发展步伐。传统的雕版印刷、木活字印刷等手工作坊式的工艺和产量已经无法适应当下社会对书籍的需求，从而极大地促进了书籍装帧设计的理念转换。

其次，“西学东进”的影响也不可磨灭。鸦片战争后，知识分子出国留洋，主动向国人译介西方思想文化，在书籍设计界出现了“比亚兹莱”风。英国插画家、装帧艺术家奥伯雷·比亚兹莱（Aubrey Beardsley）崇尚唯美，追求精致，影响了西方现代书籍设计，而在五四时期，一大批的文人都十分推崇他，在书籍设计方面也受到其很大的影响。例如叶灵凤在书籍设计方面被称为“东方比亚兹莱”。可以说“西学东进”影响了近代书籍装帧的设计思想。

最后，由于西方先进的印刷技术传入中国，雕版印刷技术渐渐淡出舞台，书籍装帧也逐渐脱离传统的线状形式，走向现代的铅印平装本。

中国近代书籍在一开始出现西化的形式特征时，同样被称为“洋装书”。可以说，洋装书是中国现代书籍的雏形与现代书籍之间的一条分界线。直至“五四”运动时期，现代书籍的形式发展到了成熟的阶段，并在社会上被广泛应用，人们开始了解到西方书籍的两种装订形式：“精装本”和“平装本”。所以人们也不再用“洋装书”这个名称，而是改称为“平装书”、“平装本”。

早期“洋装书”的部分印刷手段是引用西方的现代印刷手段，比如铅印活字、照相石印技术等。书籍的封面也有了西式的模样，但整体书籍的内容版式还是继续延续了传统书籍的版面形式。例如《点石斋画报》——1872年由英国人美查 F·Major在上海办了《申报》，后来报馆又办了点石斋。石印《点石斋画报》可以看出当时“洋装书”的特征。

图2.23　《点石斋画报》，光绪十年（1884年）第一号，开本尺寸：14.8cm×24.7cm，插画：吴有如

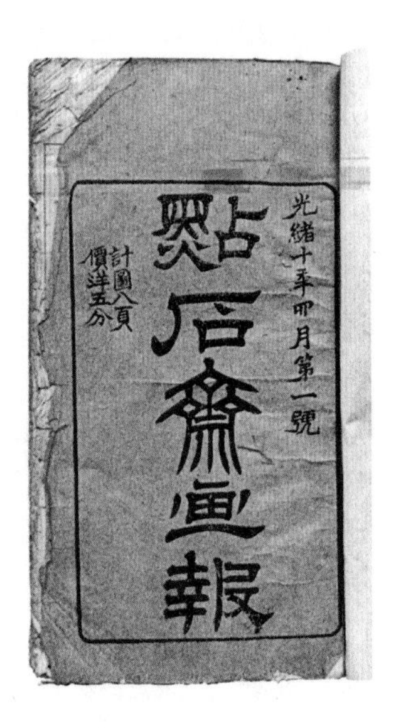

我国传统书籍的装帧设计是由工匠们完成的，到了这个时期，文人便自觉地承担起书籍装帧设计的任务。

鲁迅，可以说是我国现代书籍设计艺术的开拓者和倡导者，他对书籍设计提出了自己独到的要求："天地要宽、插图要精、纸张要好"。他很关注国外、国内传统装帧艺术，甚至还亲手设计了数十种书刊的封面，如：《呐喊》、《引玉集》、《华盖集》等。

鲁迅的书刊设计带有典型的文人特点。第一是朴素，他很多书都是"素封面"，除了书名和作者题签外，不着一墨，"于无声处听惊雷"；其次是古雅，他爱引用汉代石刻图案作封面装饰，甚至用线装古籍形式包装外国画集，以旧瓶装新酒；三是喜用毛边装，他自称为"毛边党"，爱保留书边不切，觉得"光边书像没有头发的人——和尚或尼姑"；四是在版式上喜欢留出很宽的天地头，让读者可以写上评注或心得，以尝读书之乐；最后是对细节"斤斤计较"，举凡字体大小、行距、标点、留白、用色等，他无不细加考究，直至理想为止。

在鲁迅先生的影响下，涌现出一批学贯中西、极富文化素养的书籍设计艺术家。例如丰子恺、陶元庆、叶灵凤、林风眠、钱君匋、司徒乔、关良等。他们多数留学西方或日本，在创作时受西方文化影响，打破传统与束缚，从而丰富了新文学书籍的设计语言。

《呐喊》江南大学大观藏书馆藏
这是鲁迅最优秀的设计，今天看来仍是无可挑剔。暗红的底色如同腐血，包围着一个扁方的黑色块，令人想起他在本书序言中所写的可怕的铁屋。黑色块中是书名和作者名的阴文，外加细线框围住。"呐喊"两字写法非常奇特，两个"口"刻意偏上，还有一个"口"居下，三个"口"加起来非常突出，仿佛在齐声呐喊。鲁迅只是对笔画作简单的移位，就把汉字的象形功能转化成具有强烈视觉冲击的设计元素。这个封面不遣一兵，却似有千军万马；它师承古籍，却发出令人觉醒的新声。

图2.24

图2.25 《华盖集》
图2.26 《引玉集》
图2.27 《域外小说集》

《华盖集》
鲁迅自己设计的北新版《华盖集》、《华盖集续编》书封，书名、出版年均左向排列，但书名上方拉丁化拼音“LUSIN”，却是右向；朝花社版《在沙漠上》书封、未名社版《朝花夕拾》书名页，阿拉伯数字的出版年右向列，而其他文字均左向列。

《引玉集》
此书为精装本，鲁迅专门送到日本印刷。苏联版画家们的姓名字母被分为八行横排，置入中式版刻风格的“乌丝栏”中，与左边竖写的“引玉集”三个大字相映成趣。又有一圆形阴文的“全”字将方形构图打破，红底黑字的方框顿时便活络起来。封面最左边有一黑色边线，漫过书脊，流向整个封底。红与黑、与封面的白底形成强烈对比，乃中国出版物的经典用色。

《域外小说集》
鲁迅为自己与周作人合译的《域外小说集》（第一册）设计的封面。32开毛边本，鲁迅自费于1909年2月由日本东京神田印刷所出版，封面是希腊文艺女神缪斯的画像，书名为陈师曾题写。

鲁迅在翻译书的封面上一般采用外国插图来暗示翻译书的内容，1909年3月出版的《域外小说集》就是这样设计的，灰绿的底色衬托下，深蓝色书名上是一幅外国插图，增加了书本的异域色彩。（图片来源：上海鲁迅美术馆，中国美术家协会上海分会。鲁迅与书籍装帧[M]上海：上海人民美术出版社，1981。）本书正图依书籍装帧的不同艺术特色选印64幅，各按照原书设色复印，反映了设计作品的原貌。

陶元庆，早年留学日本，精于国画和水彩画、又擅长西洋画。与鲁迅有着深厚的友谊，并为其小说设计过诸多封面。陶元庆还为鲁迅设计了《出了象牙之塔》、《工人绥惠略夫》、《中国小说史略》、《唐宋传奇集》、《坟》、《朝花夕拾》等，其中《唐宋传奇集》封面素朴静穆，古风悠然，画中人物、马车、旗幡排列有序，意趣高远，这种用写意的手法表达性情则是他的艺术特色之一。

另一位代表人物为钱君匋，著名的书法篆刻家、出版家。他的艺术生命久远不衰，从20世纪30年代一直延续到20世纪90年代，他一直从事着书籍设计工作，对中国书籍设计艺术起到了不可磨灭的推动作用。曾为茅盾的《蚀》、巴金的《家》、《春》及《小说月报》、《东方杂志》、《教育杂志》、《妇女杂志》等刊物设计封面。他的作品多达4000余件，堪称文化圈的“钱封面”。

2. 新中国成立时期

1949年新中国成立后，由于政治的新面貌，社会的新秩序，出版社纷纷设立美编室，出现了专门从事书籍装帧设计的设计师。许多大家、名家也参与到了书籍设计的艺术中去，为得书籍设计艺术打开了全新的一页，中国现代书籍设计得到了充分的发展。

如果说新中国成立之前的书籍设计艺术时期是文人西学中用的典型时期，那新中国时期，可以说是书籍设计艺术时期插图艺术发展的巅峰时期。一大批的画家为中国的书籍创作了大量的优秀插图和封面。刘海粟、傅抱石、吴作人、黄永玉、杨永青都是举足轻重的画坛大家。作品例如黄永玉的《阿诗玛》、吴作人的《林海雪原》、杨永青的《五彩路》等。可以看出，当时书籍插图的整体艺术水准之高，是迄今为止书籍插图艺术的范本。

《彷徨》江南大学大观藏书馆藏

陶元庆用橙红色为底色，配以黑色的装饰人物和傍晚的太阳，上下两段横线，简练地概括了画面的空间，而人物的动作似坐又似行，满幅画面被紧张的情绪所包围，将“彷徨”表现得恰到好处，又耐人寻味。鲁迅称赞说：“《彷徨》的书面实在非常有力，看了使人感动。”可是当时有的人却看不懂那寓意，以为陶元庆居然连太阳都没有画圆，陶元庆只好愤愤地说：“我真佩服，竟还有人以为我是连两脚规也不会用的！”

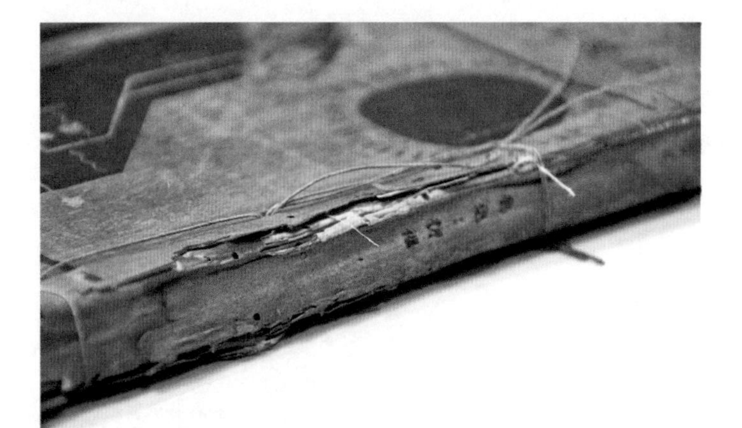

图2.28

在画坛大家的影响下，中国书籍设计艺术的路程开辟了新的道路。此外，还有一批新兴的设计师，他们为中国现代书籍设计艺术开辟了新的探索之路。例如余秉楠、张守义等。他们既经历了“百花齐放、百家争鸣”的文艺创作兴盛时期，也度过了极“左”思想下的迷惘无奈期，但在他们的努力之下，新中国的书籍设计大放绚丽的色彩。

1959年4月，文化部出版局和中国美术家协会联合举办了第一届全国书籍艺术展览会。同年秋季，在莱比锡国际书籍艺术展览会上，我国《楚辞集注》、《永乐宫笔画》、《五体清文鉴》、《苏加诺工学士、博士藏画集》等书的装帧设计、插画等获得十枚金质奖章、九枚银质奖章。可以说，中国的书籍设计作品在那一时期具备了一定的国际水准。

3. 极“左”思潮时期

20世纪60年代至80年代，是中国历史上一个特殊的时代，三年的自然灾害，十年的“文化大革命”，可以说中国在经济和政治上都经历了艰辛的阶段。国家经济的困难，社会政治生活进入极“左”的寒冬期，造成了出版社的低潮时期，大批出版社关门停业，专业设计师下放、下乡，投入到了思想改造的运动中。在这个时期，中国的书籍设计艺术的特点是设计风格趋同，设计作品带有明显的政治色彩，印刷质量粗糙，设计思路受政治思想的影响也趋于狭窄，政治口号代替了一切设计创作……可以说是一片了无生气的时期，但也正因为这样，这个时期的书籍设计带有很深的时代烙印，例如《红岩》、《三家巷》、《黑面包干》、《海誓》等。

4. 改革开放时期

1976年，一个冰封解冻的年代。十年的“文化大革命”结束了。20世纪80年代的改革开放，政治的解禁、经济的发展，出版的复苏，艺术创作的活跃，使得书籍设计创作如枯木逢春，展露出雨后春笋般的勃勃生机。

在如此自由的环境下，出现了很多优秀的书籍装帧艺术品，使得中国书籍设计艺术的国际地位得到了恢复。一大批内容扎实的经典作品得到出版，例如人民美术出版社的《毛泽东故居藏书画家赠品

图2.29 图2.30

图2.29 黄永玉设计的《阿诗玛》
图2.30 丁聪设计的《四世同堂》

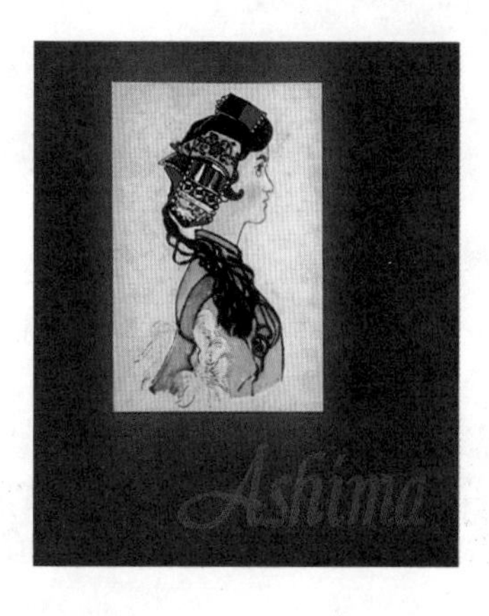

展》、《故宫博物院藏明清扇面书画集》、《中国古代木刻画选集》（三册）分获莱比锡国际图书博览会和国际艺术书籍展览会的金、银、铜奖。

5. 20世纪末

20世纪90年代，我国的出版业得到了蓬勃的发展。同时，国际设计界的交流也日渐广泛。书籍设计艺术的不断进步，优秀作品层出不穷，甚至出现设计师成立书籍设计工作室的现象，可以看出，这一时期的中国书籍设计得到了全面的发展和进入了高潮时期。

图2.31 《毛泽东选集》出版总署新华书店总管理处美术编辑室
图2.32 《大风歌》柳成荫
图2.33 《毛泽东著作单行本》
出版总署新华书店总管理处美术编辑室
图2.34 《德意志民主共和国邮票目录》王卓倩
图2.35 《艳阳天》王荣宪
图2.36 《为了六十一个阶级弟兄》沈云端
图2.37 《智取威虎山》张守义
图2.38 《九叶集》曹辛之
图2.39 《一镐渠》张守义
图2.40 《安徒生的故乡》陈新
图2.41 《红岩》宋广训
图2.42 《溥仪》吴寿松

图2.31 图2.32
图2.33 图2.34
图2.35 图2.36 图2.37 图2.38
图2.39 图2.40 图2.41 图2.42

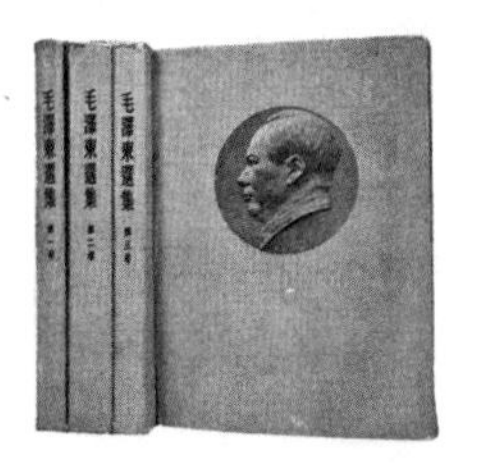

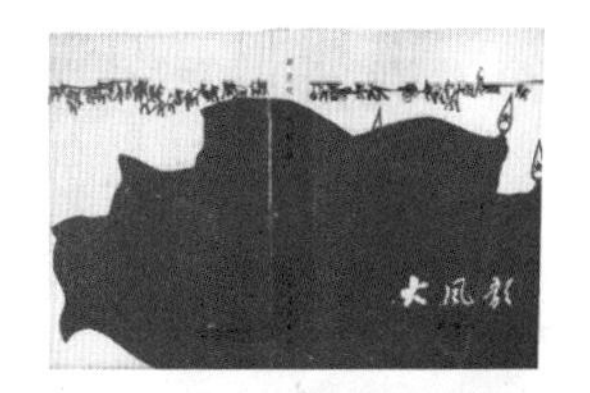

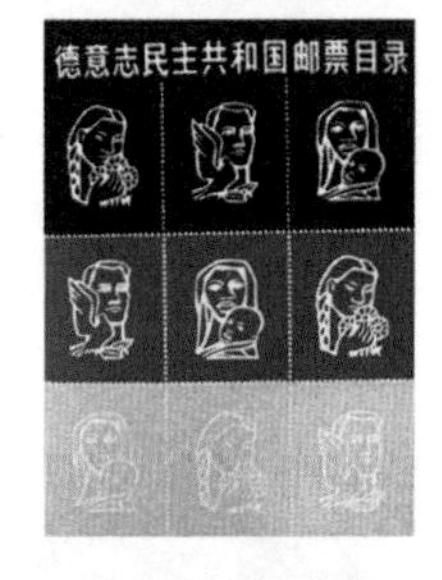

为了六十一个阶级弟兄

一镐渠

紅岩

第3章 西方书籍设计的发展与流派

3.1书籍设计艺术的早期形态

人类最早的文字是由美索不达米亚的苏美尔人和闪美特人（又称腓尼基人）创造的楔形文字，产生于公元前4000年的幼发拉底河和尼罗河岸边。

文字的出现是书籍装帧产生的基础。文字产生于公元1000年后，于是出现了世界上最早的书籍,这便是公元前 2500 年埃及的莎草纸卷。首先在公元前3000年，埃及人发明了象形文字，是用修建过的芦苇笔写在尼罗河流域湿地生产的纸莎草纸上，或悬挂或卷起来，呈卷轴形态。纸卷在木头或象牙棒上，平均6～7m长，最长有45m左右，这也是目前可认知的书的一种形态。在随后的发展中，这种书籍形式在实用价值和方便程度上战胜了巴比伦的泥版等其他材料，流传甚广，古希腊文化正是通过莎草纸书卷得以流传。此后，为了克服莎草纸不易折叠的缺陷，小亚细亚一带又出现了柔软平滑的羊皮纸书，在随后的发展中，这些书籍增加了彩图、插图等多种装饰性纹样，不断丰富了起来。

蜡版书是罗马人发明的，是在书本大小的木板中间，开出一块长方形的宽槽，在槽内添加黄黑色的蜡而做成的。书写时，用一种奇特的尖笔，字迹往往不易写得规整。在木板的一侧，上下各有一个小孔，通过小孔，穿线将多个小木块系牢，这就形成了书的形式。

3.2书籍设计艺术的形成时期

在阅读卷轴时，必须左右手同时操作，在左手一边展开卷轴的同时，右手则卷起另一边，因为不可能同时翻阅几个卷轴，这样给读者带来了很多阅读上的难处。所以人们不断研究书籍的其他翻阅方式，从而能够更加便捷地阅读。“羊皮纸”的诞生，使得卷轴制度发生了巨大的变化。

“羊皮纸”比纸莎草纸要薄而且结实得多，能够折叠，并可两面记载，采取一种册籍的形式，与今天的书很相似。公元3世纪和4世纪时，册籍形式的书得到广泛的普及。册籍地翻阅方式要比卷轴地翻阅方式更加便捷，可以查阅、收藏和携带。册籍出现后，并没有完全替代卷轴的形式，而是与之并存了两三个世纪。

1200年左右的羊皮书。卷轴长3m，书中主要描绘公元8世纪初圣徒古特拉克的生活情景。

图3.1

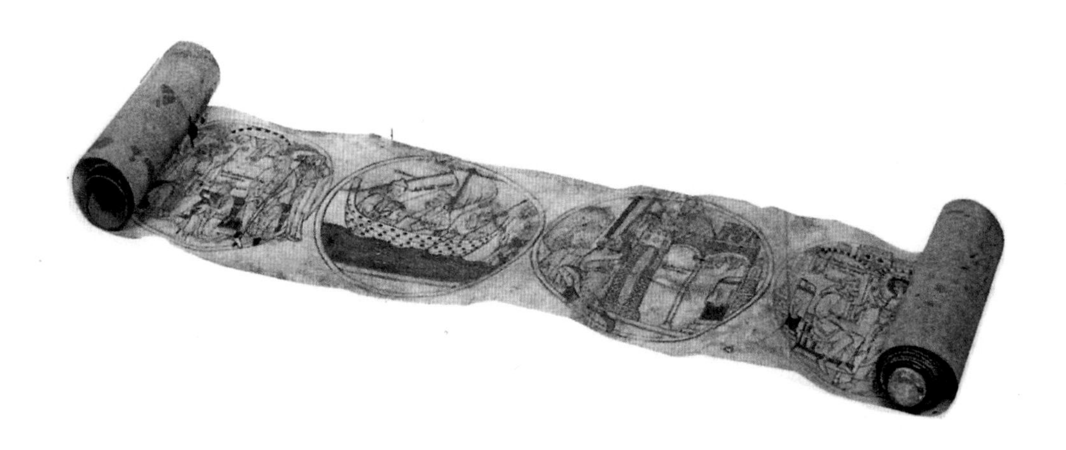

值得注意的是，基督教会在文字和书籍的发展过程中，起了非常重要的作用。传播宗教是书籍诞生最重要的动机，可以说，教会是书籍设计的始作俑者。上帝的话是经由祭祀和长老宣读给信徒，因此,他们将文字和书籍看得异常神圣，认为书籍是创世主语言的载体，于是不惜工本加以装饰，也由此大大推动了书籍设计艺术的发展。从纪元初到公元11世纪，文字记录仅局限于教士阶层，书籍的制作也几乎都是在修道院等宗教机构完成的。欧洲第一本书籍《圣经》是用于祈祷的手抄本便是证明。

对于当时的书籍开本，主要取决于一张羊皮的大小以及折法。对开是一折两页，四开是两折四页，八开是三折八页等。像《圣经》一类的宗教书籍，因阅读环境的不同，需要当众朗读，所以开本通常很大，经典名著则略小，多为四开本。

除了对开本的讲究，书籍的封面也受到功能的需求。书籍封面起着保护、装饰的作用，材料多用皮革，配以金属的角铁或者是搭扣使之更加牢固。受当时审美的影响，还配以黄金、象牙、宝石等贵重材料，满足美的需求的同时，彰显着书籍所有者尊贵的社会地位，可以说西方很早就有了“精装”书籍的传统意识。

图3.2 图3.3

图3.2 拜占庭圣经
图3.3 象牙雕刻的封面

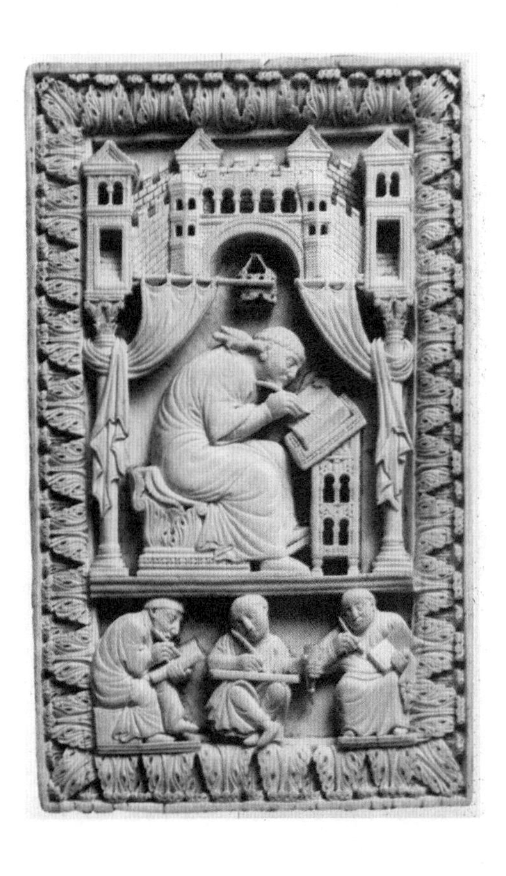

3.3书籍设计艺术的发展时期

进入工业化时代，书籍设计艺术受到了科学技术的直接影响。由机械时代到电子化时代,书籍设计艺术也随着工业的发展而发展。

公元13世纪左右，中国造纸术传入欧洲，纸张的应用，使欧洲书籍艺术实现了飞跃性发展。纸张的运用逐渐代替了欧洲原有的莎草纸和羊皮纸,成为新的书籍材料。纸张的运用不仅降低了书籍的成本，还使其有了被大量印刷的可能。正如德国著名装帧艺术家阿・卡波尔指出："对欧洲书籍文化的发展有决定意义的是从中国经阿拉伯国家传入欧洲的造纸术，这种新的印刷材料价格便宜，使书籍的生产率增加许多倍。"

公元15 世纪以后,随着经济和文化的迅猛发展，手抄本已经不能满足人们的精神需求，在德国的美因茨地区，一位名叫古登堡的人发明了图书制造的革命性技术——金属活字版印刷术，它深刻地改变了人类思想传播的历史，使欧洲的书籍装帧有了突破。它包括活字、油墨、纸张和印刷机，在字体和正文版式设计方面同于手抄本，版面较手抄本更整齐、精确。这一技术席卷欧洲，大大提高了书籍制造的速度和质量，使图书数量激增，图书内容也不仅限于教堂和修道院。

Ancien Testament (Bible)
15世纪古登堡时期的旧约圣经

图3.4

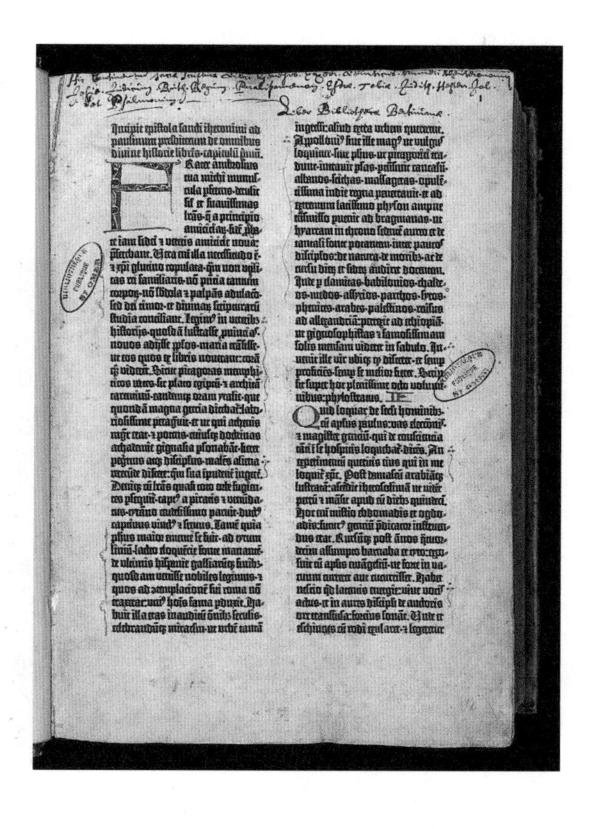

公元16世纪，文艺复兴运动风行全欧洲。欧洲书籍明显地分为实用书籍和皇室特装书籍。前者简单实用，后者则富丽堂皇，十分考究，这仍然可以从书籍装帧艺术诞生之初所具有的宗教性特征那里找到答案。

学者在对古代文化巨著的研究中，发现了加洛林王朝的手抄本，他们借鉴了手抄本中的字体并融合古代简洁铭文的特征，创造了完美的罗马体铅字，同时也从其他的手抄本中创造了优雅的斜体字等。

同时这一时期，书籍的完整形态逐渐呈现出来，例如印有出版商标志与地址的版权页已成形，并成为书籍开始部分的固定格式。标点符号的不断丰富、阿拉伯数字页码的使用等。无论从功能还是形式上，都大大地提高了书籍设计艺术的魅力。书籍的种类也发生了翻天覆地的变化。由于西方对新大陆的探险，人们的视野不断开阔，人们对世界的认识也发生了扩大性的变化，所以新的图书品种不断出现，告诉大众阅读可以学习到知识，不再以单一的宗教题材为主。

随着凸版印刷和木制雕版技术的发展，书籍中出现了大量的插图，同时插图的民族性传统也开始显现。

18世纪50年代，源于英国的工业革命推动了印刷术的变革，机械造纸机、转轮印刷机出现，石印和摄影技术的发展使书籍的图书质量和内容形式不断完善。以莫里斯和拉斯金为主领导的“工艺美术运动”开创了书籍设计的新理念。莫里斯大量采用了装饰性字体和纹饰，将文字、插图和版面综合利用。

图3.5 图3.6 图3.7

图3.5 中世纪欧洲的印刷工坊—活字印刷作坊
图3.6 阿尔杜斯书页：马努提乌斯印刷的书籍页面
图3.7 弗朗切斯科·格里佛完成的“本博体”

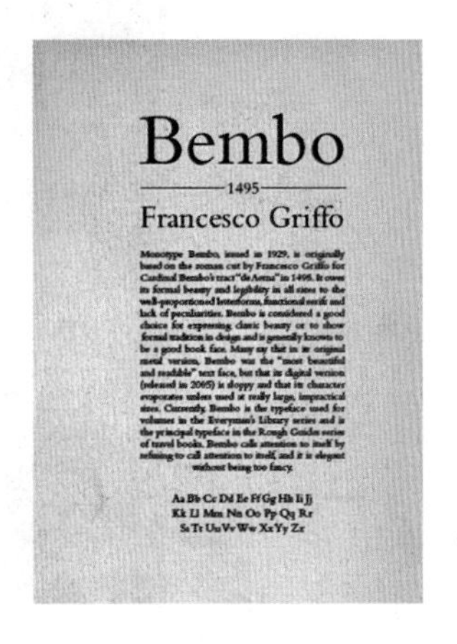

除社会、政治、印刷技术的影响之外，人文艺术也在影响着书籍设计艺术的风格。从16世纪到18世纪，从巴洛克艺术的神秘气息，古典主义的理性自然之风，到启蒙运动的象征意味和装饰性，再到洛可可艺术的纤巧、华丽、繁密，都一点一滴地渗透到书籍设计艺术中的每一页。

威廉·莫里斯设计的相关书籍。

他领导了英国的“工艺美术”运动，开创了“书籍之美”的理念，推动了革新书籍设计艺术的风潮，因此，被誉为现代书籍艺术的开拓者。

图3.8

3.4 20世纪两方现代书籍设计的流派之美

19世纪,书籍设计出现了商业化和理想主义共存的局面。快速发展的经济技术加速了书籍的商品化,文化虚无主义观念日益严重。为了扭转这一局面，近百年中许多艺术家发起了革新书籍艺术的运动。

■德国表现主义

以凯尔希纳为代表的“桥社”俱乐部和康定斯基为首的“青骑士”俱乐部，从1907年至1927年创作了大量的绘图本书籍，他们在设计中注重表现内在情感和心理反应，反对机械的模仿客观现实，强调艺术语言的表现力和形式的重要性。

■意大利的未来派

提倡“自由文字”的原则，书籍语言具有速度感、运动感和冲击力。在版面中否定传统的文法和惯常的编排方法，呈现不定格式的布局，这是对传统线性阅读发起的挑战。

■俄罗斯构成主义

版面编排以简单的几何图形和纵横结构为装饰基础，色彩单纯，文字全部采用无装饰线体，具有简单、明确的特征。俄罗斯构成主义设计的书在编排设计和印刷平面设计两个领域中具有革新的意义，可以说这是现代艺术书籍的起点。

■达达主义

知识分子在特殊的情况下企图通过艺术和设计表达个人情绪的宣泄。在他们的书籍设计中，更多的是荒诞、毫无章法的混乱特质，突破传统的版面设计原则，强调偶然性和机会性，作品呈现无规律、自由的状态。

图3.9 图3.10 图3.11

图3.9
《干涉证明》/ 俄国

图3.10
《艺术左翼战线》杂志/ 俄国

图3.11
《小达达之夜》/ 瑞士

■荷兰风格派

创办于1916年的《风格》杂志，是典型的荷兰风格派代表之作。设计追求纯洁性、必然性、规律性和非对称性，反复运用纵横几何结构，通过几何的方块，简化的颜色来传递书籍的主题。

■超现实主义

当时的知识分子产生了虚无主义的思想，认为社会表象是虚伪的，所以想在设计中寻找真实的东西。这些超现实主义画家们将内文与绘图两者高度融合，以互补的形式设计书籍。

■包豪斯

在包豪斯学院中有专门的出版部进行字体、编排和印刷广告等方面的设计创作。《魏玛国立包豪斯》可谓是集大成之作，其艺术性在于：设计中强调编辑、版面、逻辑、理性的重要性，强调简洁明快的艺术取向，具有主题鲜明和富有时代感的特点，为世界书籍设计留下了深远的艺术财富。

■瑞士平面设计风格

它以网格作为设计基础，字体、插画、照片等采用非对称的方式安排在标准化的网格框建中，强调设计的统一性。

■波普艺术

20世纪是书籍设计试验的世纪，也是书籍艺术百花齐放的时代。他们打破传统的枷锁，认为书可以自由造型，解体变化。他们将书籍的物质性要素视作书籍设计创作的重要组成部分，积极将书籍内容的叙述中注入大众传媒式的流动性图像影视手段，表达出形式多样化、具有表现力的图文语言。

图3.12 《荷兰电缆厂目录内页》/荷兰
图3.13 《魏玛国立包豪斯》
图3.14 《包豪斯丛书》全14卷

图3.12 图3.14
图3.13

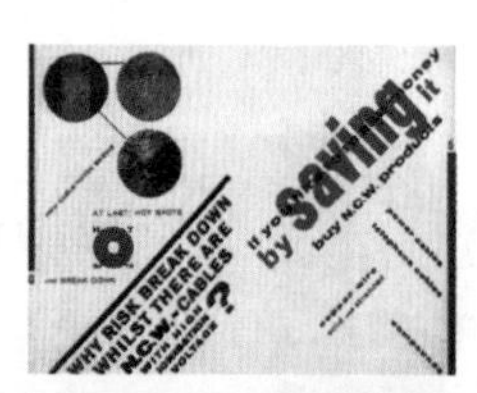

第4章 书籍的形态与结构

从装帧设计到书籍设计、再到书籍形态设计，是从二元表现思维到二维平面思维、再到具有三维构筑的立体思维，甚至到时空的四维的发展过程。其中书籍形态的整体设计是书籍组织肌体的“皮肤”到“血肉”的由表及里的立体再现过程，包括书籍的开本选择，装订形式，印刷工艺以及材料的应用，封面设计及环衬、扉页、版权页、序言、目录、正文等。而另外的神态设计，则是书籍形态设计中左右读者选择与否的关键，也是引导读者阅读书籍，读准书籍的关键。使得读者除信息获取之外，能够获得一种超文字和图形以外的享受，读出一种心理情感和想象空间的魅力。

图4.1

这本书是为促进英国电信（British Telecom)在万维网上的发展而制作出版。书的第一部分有各种吸引人的文字说明、图片和关于公司最新发展的资讯。大约在书的后1/4处，有一个穿透所有页码的孔洞，这个孔可以容纳一张CD碟片，书的后1/4部分主要介绍信息和数字代号。

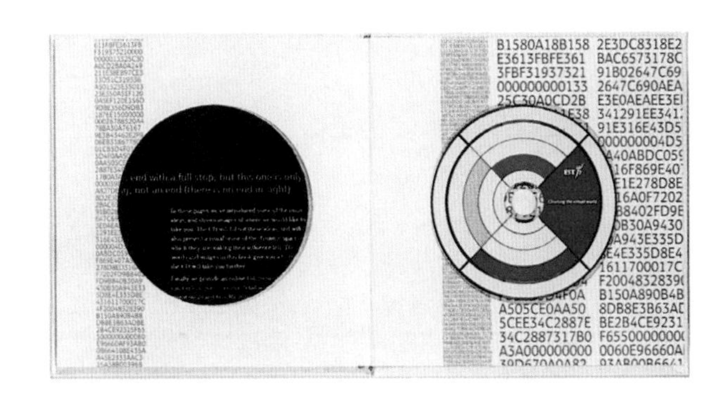

4.1书籍的开本形态

1. 开本的概念

开本指书刊幅面的规格大小，即一张全开的印刷用纸裁切成多少页。

开本尺寸指按规定的幅面，经装订裁切后的书刊幅面实际尺寸。开本尺寸根据国家标准的规定允许误差为±1mm。

书刊本册现行开本尺寸主要是A系列规格，有以下几种：
A4（16k）297mm×210mm；A5（32k）210mm×148mm；A6（64k）小64开本：127mm×95mm 或 125mm×92mm。

2. 开本的形式

左开本与右开本

左开本为阅读时向左面翻廾的方式，左开本大多为横版式，阅读时从左往右看。

右开本为阅读时向右面翻开的方式，右开本大多为竖版式，阅读时从上至下、从右往左阅读（大多为汉字的排列）。

这是为玛辛的作品展设计的招贴书。这次展览在纽约的柯柏联盟学院举行，这是一份交互式招贴书，体积被无限的缩小，打破了常规书籍的大小形态。读者可以把它当成玛辛著作的缩小版。

图4.2

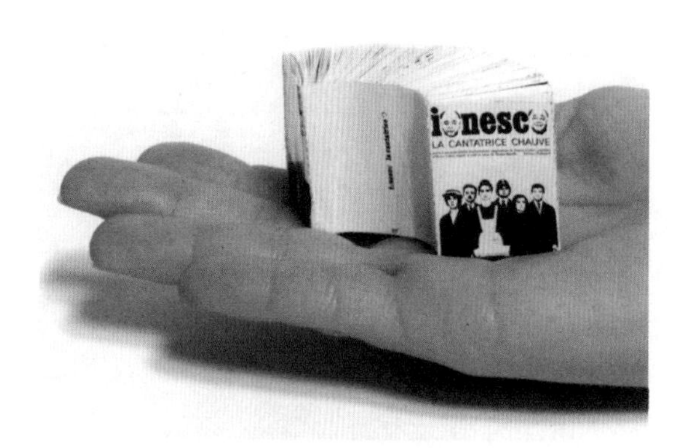

■纵开本与横开本

纵开本为书籍上下（天头至地脚）规格长于左右（订口至切口）规格的开本形式。通常标注开本尺寸时，大数字写在前面，如297mm×210mm（长×宽），说明此书籍为纵开本形式。

横开本则与竖开本相反，是书籍上下规格短于左右规格的开本形式。通常标注开本尺寸时，小数字写在前面，如210mm×297mm（长×宽），说明该书籍为横开本形式。

图4.3

《世界地下交通》是东南大学出版社“世界地下空间研究丛书”之一，获得2010年“中国最美的书”的称号。因为书中涉及大量案例、图示、照片、效果图、表格等，所以这本书在编排上要顾及文字叙述与这些元素的搭配。从呈现的效果来看，开本选择阶梯形的方式，严谨规范中透着花哨，设计中下了一番功夫。

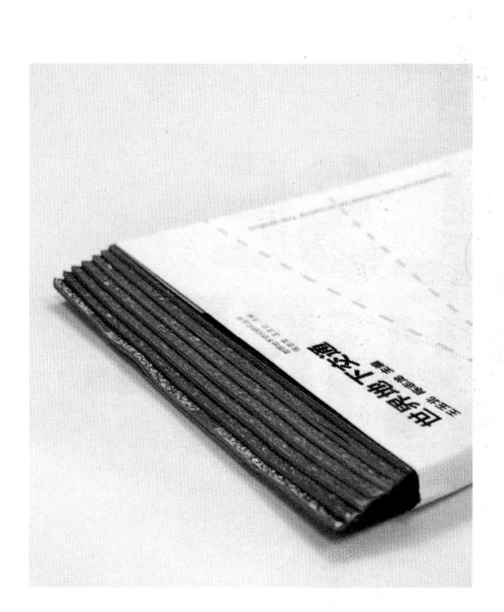

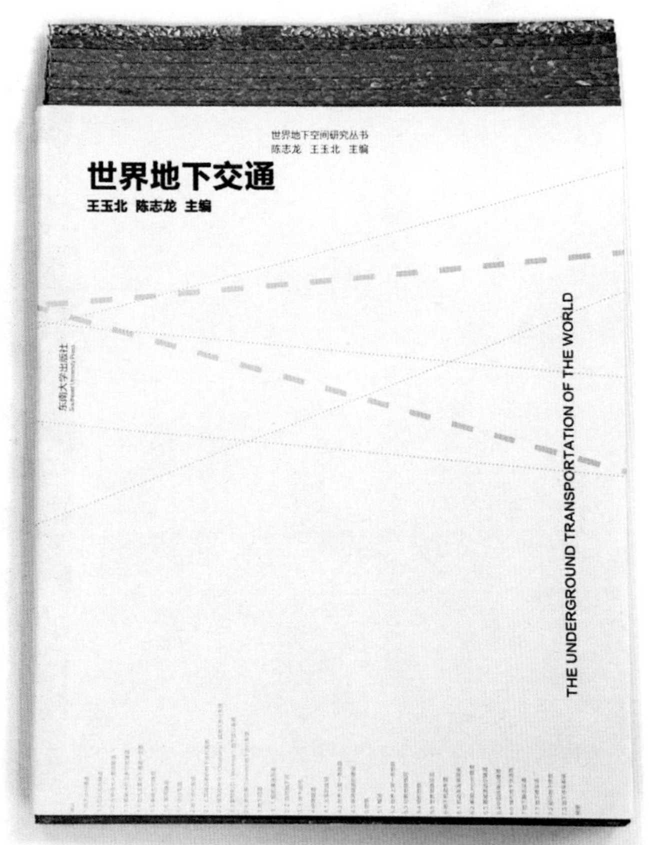

■大、中、小开本

大开本，一般12开以上的开本称之为大开本。适用于图标较多，篇幅较多的著作、期刊、画册。

中开本，大多以16开至32开较为常见，属于一般开本，使用范围较广。

小开本，小32开至64开或更甚，适用于手册，工具书。

《别处的边界》是一本项目展览的推广手册。这个项目为期三年，将澳大利亚以及亚洲太平洋地区的很多知名艺术家都召集起来，并与悉尼社区进行合作，以对新艺术进行探究。正方形的开本给人以时尚、清新的感觉。

图4.4

■异形开本

如今印刷等加工工艺技术的发达，开本的形式发生了多元化的发展，已经不再局限于传统矩形的单一形式，通过切割工艺与不同的装订方式，出现了很多精彩的异形书籍。其形式根据书籍的内容、设计师的风格等，形态各异。

图4.5

《撞墙》一书是为中国艺术家蔡国强先生在德国柏林古根海姆博物馆展出的名为《撞墙》的艺术展而设计的，马蒂亚斯·恩斯特贝格尔和斯特凡·维尔特参与了本书的设计。全书分大小两个开本，画册被紧紧地包围在书中。

3. 开本的功能

开本的功能性主要体现在读者的阅读行为方式以及阅读的空间环境。不同开本方式、开本大小的书籍承载着不同的功能。

图4.6 《圆顶建筑》一书是本图册。设计师为了凸显《圆顶建筑》的主题，书被设计成圆形版式，被装订于一个专门定制的圆形塑料盒内。

图4.7 《尺寸不是问题》一书是PVC公司采用一系列的尺子作为促销印刷效果的样本，每页都合订在一个转轴上便于展示。

图4.8 Karlssonwilker公司设计的《奇特的博瑞姆图书》,是纽约产品设计师多 ·博埃姆的专题著作。

图4.6
图4.7 图4.8

图4.9 图4.10

图4.9 这个大开本的书是为伦敦V&A博物馆举办吉尔· 瑞特尔的服装而设计的。这本书巧妙的设计成可以对折的样式，扣住饰钉后是一个“手提包”造型。

书目本身被印刷在特别的塑料纸上，看上去像印在纸上的效果，质轻、可撕裂，有韧性且纹理细腻。封面由有韧性的塑料做成，有一黑色的封面和把手及饰钉。四个饰钉由聚丙烯制成。书籍大部分内容是文字和生动的图片，书籍的后面是参展的每件服装和其配饰的插图。

图4.10 吴勇设计的《画魂》，设计反传统的采用了三角形开本，并借鉴了传统线装书的方式，将其演变成线装与胶装结合的现代装帧方式。整书本散发着宁静雅致的气质。

左开本的形式可以适用于大部分现代的书籍，但是当书籍的内容设计为竖版式时，左开本就会影响到书籍翻阅时的阅读顺序。相反，右开本的书籍就很不适用于外文书籍的版式，因为外文通常只能横版式，自左向右阅读，竖版式是有悖其阅读方式的。

关于“枕边书”古人这样说道：“观书宜马上，宜厕上，宜床上。”榻上品书，自然是惬意的方式。散文、诗集、小说、剧本等文学丛书及文艺刊物的开本一般是32开或64开，这种属于小开本，

哈维尔·梅伦·吉尔设计的《巴黎机场的文字设计系统》是一种典型的版式设计图书，以弗鲁迪格为查尔斯·戴高乐国际机场设计的弗鲁迪格无衬线字体为基础。设计师从机票的形态入手，以一种欧洲设计风格使版式的设计妙趣横生。该书是设计师在对多种版式处理研究之后，着手创作的第一本书。

图4.11

便于携带，便于拿在手中翻阅，小说有时可以放在床头，有时携带在旅途中随时翻阅，如果是8开的大开本，显然不适合在这样的环境下阅读，甚至无法阅读。

画册、期刊等图版较多的书籍，通常会采用大开本的形式，由于内容的需求，印刷工艺的影响，如果采用小开本的形式，会导致内容无法更好的呈现，甚至是呈现不出。

图4.12

哥伦比亚大学要求Sagmeister设计公司为其设计年鉴《摘要》，本年鉴由三本彩色编码的书组成，利用开本的大小结构，设计的每本书都可以插进比它大的那本书里面，形成一种金字塔结构。同时合理的利用开本的大小诠释合适的书籍内容。体积小的书里面只有教职工和学生的照片，体积居中的书里面只有文本，最大那本书则展示了所有学生的作品。一套精心设计的交叉索引系统可以让读者将几本书的内容联系在一起，大大方便了检索。

4. 开本的审美

开本是书籍设计中首要考虑的因素，因此开本是受哪些因素影响的，就变得至关重要了。开本设计的合理性体现在三个层面上：一是开本设计给人感官、视觉感受。二是开本设计是否具有同一性、实用性、便捷性。三是开本设计给读者或者是设计者的影响及反思。

书籍的开本直接影响了书籍的“性格”。略宽，驰骋纵横的感觉；略窄，秀丽俏皮的感觉；标准，四平八稳的感觉；略厚，庄重、成熟的感觉；略薄，轻盈、灵动的感觉。当代书籍设计师已经感受到开本所能带来的情感因素，大、小、厚、薄、左、右、上、下、异形等所传递出来的情感是各有不同的。在设计中，可以看到各种不同大小的开本、不同形式的开本、不同情感性格的开本。

书籍形态设计一定要经调查研究和反复修正及完善。理解书籍的精神内涵，达到书稿理解尺度与艺术表现尺度在创作中充分和谐的体现，以丰富的表现手法、丰富的表现内容，使视觉思维的直观认识（视觉生理）与视觉思维的推理认识（视觉心理）获得高度统一，以满足人们知识的、想象的审美要求。

图4.13 Guillem Casas ú s Xercavins

图4.14 《法国丝》是ISTD精致纸业公司为推出新品派瑞克斯系列所做的宣传册，封面采用常见的版式和形式，但是书内采用了不同大小、形状和角度的纸张，上下页之间总有伸展出去的部分。

图4.13 图4.14

图4.15

《桥被烧断了》
作为研究交互式打印的系列设计之一，该出版物解释了雷德斯·艾琳伍德·比奇的小说《桥被烧断了》。它使用了反向法国折叠技术和日本刺式装订技术，把故事内容隐藏在页面之中，这就要求读者只有撕开书的各个章节才能够进行阅读。读者浏览完所有页面后，书也就被大卸八块了。

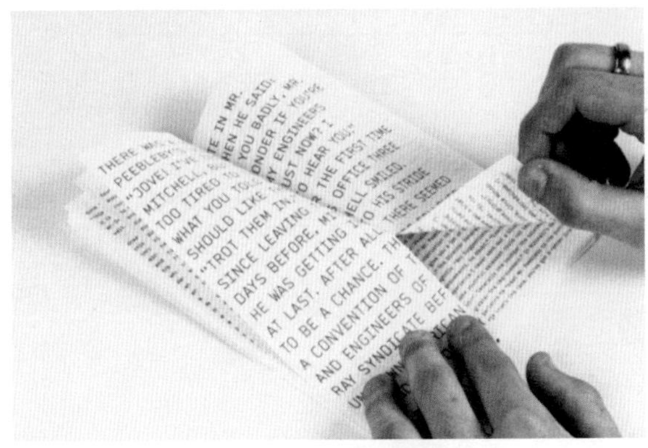

4.2书籍的装订形态

1. 传统书籍的装订方式

书籍的形态多种多样。从中国的传统书籍到现代书籍，装订式样繁多而且形态丰富多彩。中国传统的书籍装订形式虽然经历了千年的历程，但并未被时代所淘汰，相反，更多的传统书籍装订形式被用于当下的书籍设计。

图4.16 图4.17

图4.16 传统装订方式的分类
图4.17 现代装订方式的分类

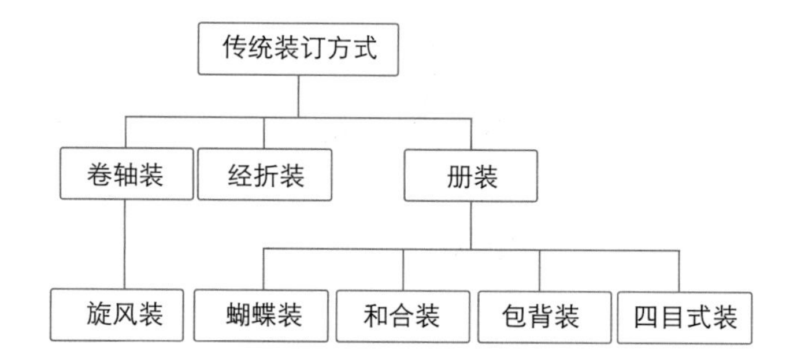

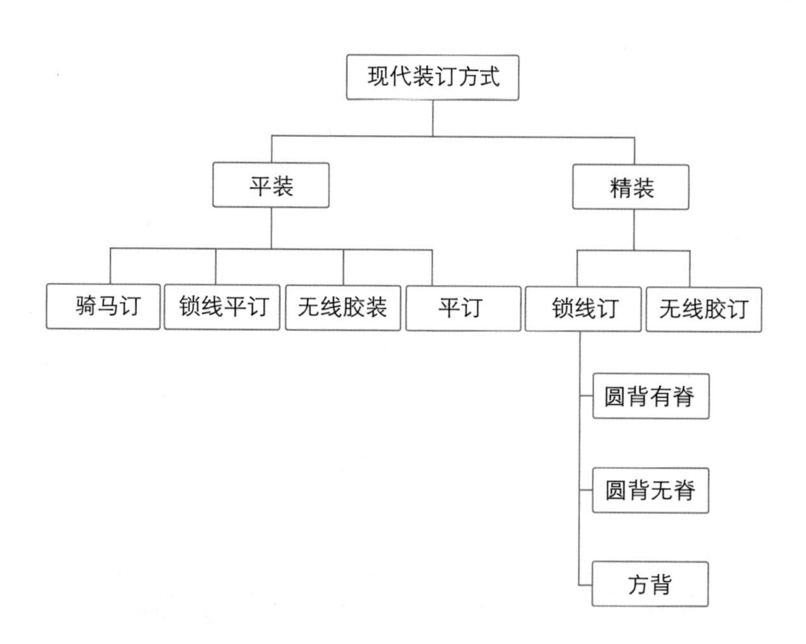

图4.18 图4.19
图4.20

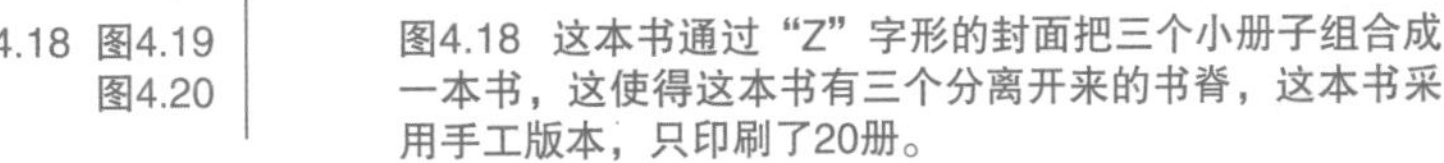

图4.18 这本书通过“Z”字形的封面把三个小册子组合成一本书，这使得这本书有三个分离开来的书脊，这本书采用手工版本，只印刷了20册。

图4.19 设计师亨利·李在设计作品里将清淡的颜色以及圆作为主要元素，就像安藤忠雄的作品一样。凹凸冲压成型的工艺则代表了清淡和自然的概念，安藤忠雄的日本名字也被印在设计作品中，同时利用了传统书籍中的线装装订方式与封面的纸质材料完美的搭配，将东方设计的审美完全体现了出来。

图4.20 TED x Amsterdam第一次会议的主题就是“突破”。这本书的焦点是儿童如何审视世界。三岁以下的儿童还不懂假设的范围，也不知道现实世界的行为规则是什么。这本书开创了新的视野并提供了很多令人惊讶的奇思异想。

一些未来的艺术家、设计师、插图画家和摄影师在书中谈到他们对“突破”这个主题的观点以及被隐藏的或是被忘记的日常之美。本书收录了很多2009年TED讲演者令人深受启发的文章，另外，本书还讲述了如何去实现“突破”。

全书围绕“突破”二字，在裸露的线胶装书脊上印上了BREAKTHROUGH(突破）的字样，使其主题更加凸显。

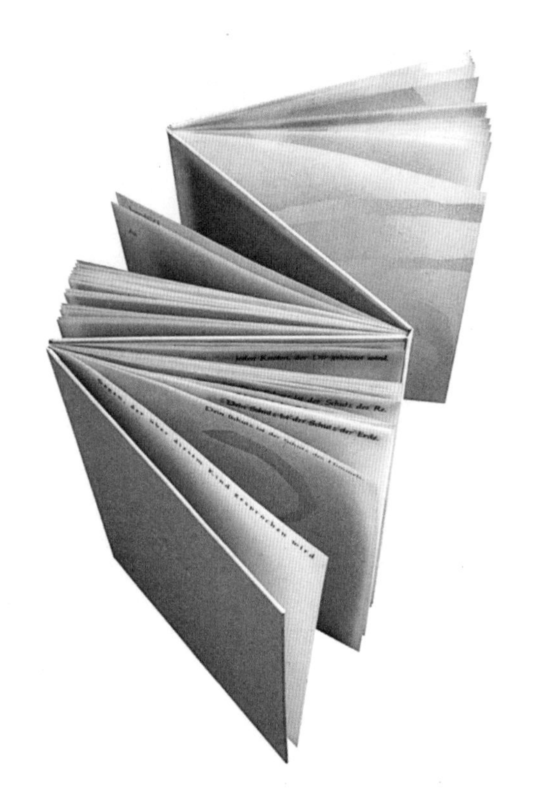

2. 现代书籍的装订方式

■锁线订

又叫串线订。书芯虽然比较牢固，但由于书背上订线较多，导致平整度较差。

■锁线胶背订

又叫锁线胶粘订，装订时将各个书帖先锁线再上胶，上胶时不再铣背，这种装订方法装出的书结实且平整，目前使用这种方法的书籍比较多。

■无线胶粘订

也叫胶背订、胶装订。不用书订，不用绳线，仅用胶水粘合书页的形式。由于其平整度很好，目前，大量书刊都采用这种装订方式。但由于热熔胶质量没有相应的行业标准或国家标准，使用方法还不规范，故胶粘订书籍的质量尚没有达到令人满意的程度。

■塑料线烫订

这是一种比较先进的装订方法，其特点是书芯中的书帖经过2次粘结。第一次粘结的作用是将塑料线订脚与书帖纸张粘合，使书帖中的书页得以固定；第二次粘结是通过无线胶粘订将塑料线烫订的书芯粘结成书芯，这种方法订成的书芯非常牢固，并且由于不用铣背打毛，减少了胶质不良对装订质量的影响。塑料线烫订早在20世纪70年代中期就由德国(前东德)引入我国，由于种种原因未能在内地推广应用，但在世界其他国家，这种装订技术应用较多。

图4.21 《SHV沉思录》
图4.22 锁线订
图4.23 无线胶粘订
图4.24 骑马订
图4.25 平订

图4.21
图4.22 图4.23 图4.24 图4.25

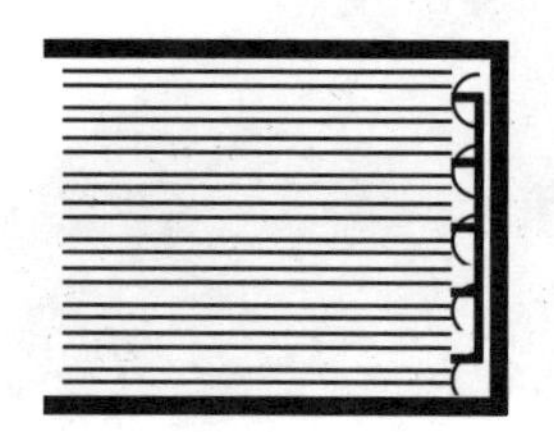

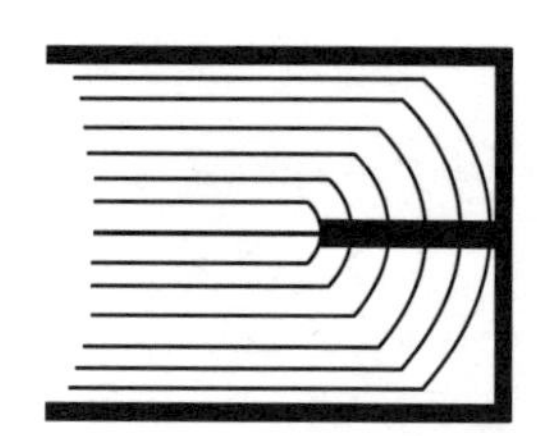

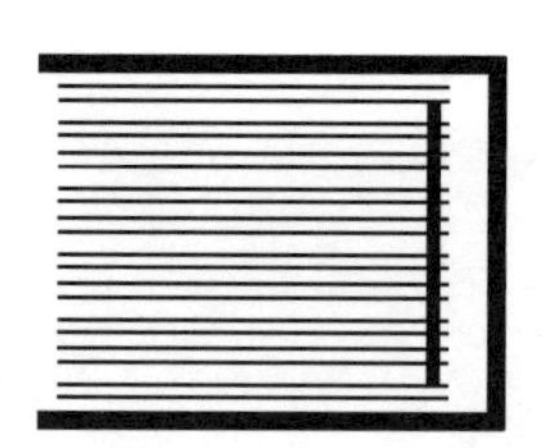

■骑马订

取其于装订之时，将折好的页子如同为马匹上鞍一般的动作，配至装订机走动的链条之上。装订以后钉子就订在马背的位置上。因此，打开书来看最中间的部分，可以发觉整本书以中间钉子为中心，全书的第一页与最后一页对称相连接，最中间两页也以其为中心对称且相连。

书页仅仅依靠两个铁丝钉联结，因铁丝易生锈，所以牢度较差。本方法适合订6个印张以下的书刊。

■平订

即铁丝平钉。是将印好的书页经折页、配帖成册后，在钉口一边用铁丝钉牢，再包上封面的装订方法。用于一般书籍的装订。

因铁丝易锈蚀以致书页松散，现已少用。再者，平订须占用一定宽度的订口，使书页只能呈“不完全打开”的形态，书册太厚则不容易翻阅，一般适用于400页以下的书刊。

图4.26

这是2008-2009年度ArtEZ艺术设计学校毕业生作品的推广书籍，该手册共有6个部分，用最简单的骑马订装订方式，结合折的概念，轻松而又别致的将6个部分通过装订进行了分类。

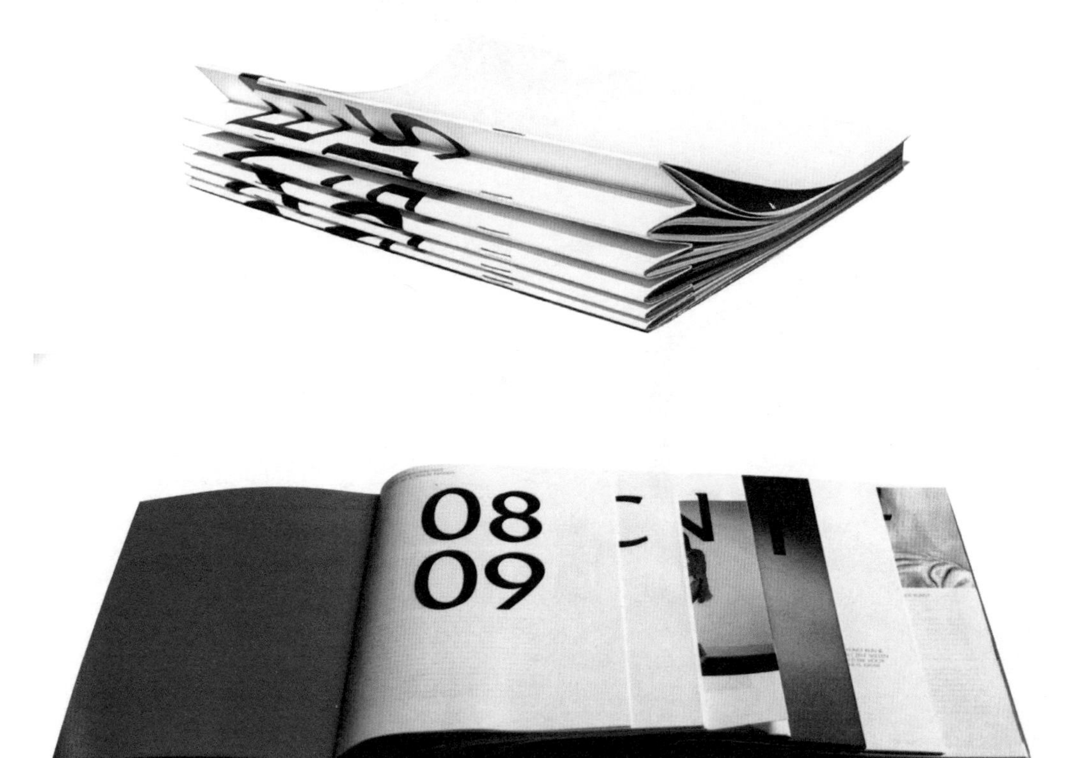

3. 其他装订形式

除常规装订方式以外，由于设计概念的更新，装订工艺的进步，新材料的变革等，使得书籍的装订方式也有了丰富的表现。

图4.27　这书是为动画公司Nexus公司设计的，书套采用了可完全回收利用的材料。胶带的粘合处是一些折叠的A4纸，盒子上有一个剥离条，撕开剥离条后，读者就可以看到书了。一组书用特殊的材质捆扎，既实用又美观。

图4.28　这是为一个电台合作的声音艺术展览设计的一系列目录册。里有一本书以及CD，旁边有冲压槽，两个橡皮筋将书和CD捆扎在一起。为了与项目相呼应，橡胶皮带上还设计了定制字体。这种字体受旧式立体声系统启发，随着橡皮筋被拉伸，字体也会变大。

图4.27
图4.28

图4.29
图4.30
图4.31

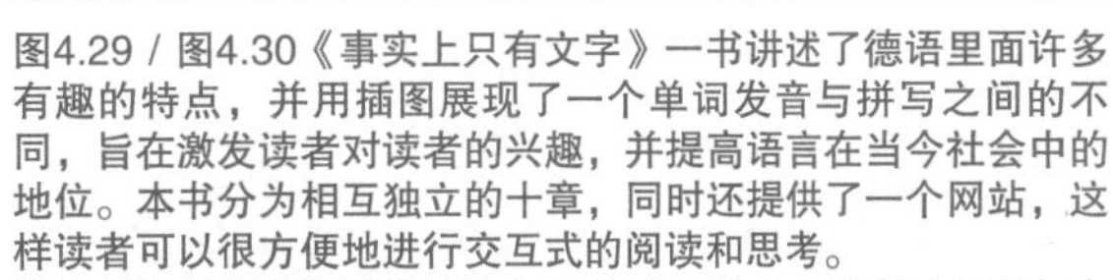

图4.29 / 图4.30《事实上只有文字》一书讲述了德语里面许多有趣的特点，并用插图展现了一个单词发音与拼写之间的不同，旨在激发读者对读者的兴趣，并提高语言在当今社会中的地位。本书分为相互独立的十章，同时还提供了一个网站，这样读者可以很方便地进行交互式的阅读和思考。
设计师利用特殊而又简单的装订方式，将十个篇章独立又包含在一本书中，连简单的装订绳都变成了不可缺少的装饰纹样。

图4.31 这是一本关于 tasseology，即关于一种古代茶叶艺术的书。该书介绍了这门古老艺术的历史、阅读本书的方法、本书的指示标志以及如何在每天阅读后将新的感想记录下来。设计师巧妙地利用封面和书签的结构关系，将杯子和茶包的形态很好地融入书本中去，使得设计更能诠释书籍的含义。

图4.32　斯洛文尼亚文化部印制了介绍当代斯洛文尼亚作家的推广手册，作为法兰克福书展上的促销品。
手册的前半部分介绍了斯洛文尼亚的人文主义精神，后半部分介绍了斯洛文尼亚的科学主义精神。它既需要足够大能吸引读者眼球，又不能太大以便装入口袋中。双线装订左右开本的技术巧妙地解决了这个问题。

图4.33 / 图4.34 / 图4.35
卢斯耶·克莱普设计的《热门城市16个镜头》是一本立体图书，其中立体元素都与摧毁和建设理念相关。

图4.32　图4.33
图4.34
图4.35

4.3书籍的结构

1. 封面、封底

封面也称书衣、封皮、封一。包括封面、书脊、封底和勒口。封面的内容有书名、作者、出版社和相关设计。封底则有出版机构的条形码、书号以及定价等。

2. 书脊

也称封脊，是书的背面，靠近书籍装订的地方。不论是平装书或是精装书的书脊，通常都印有简短的书名、著者的姓名，有时还印有出版社的名称。他的功能主要是为了在书架中有识别度，便于读者查找。

3. 护封

是书籍的保护层。 主要用于保护书籍封面不受损坏，护封的纸张通常选用质量较好的、不易撕裂的纸张。护封的组成部分从它的折痕来分，有前封、书脊、后封、前勒口、后勒口。

图4.36 书籍结构的各组成元素

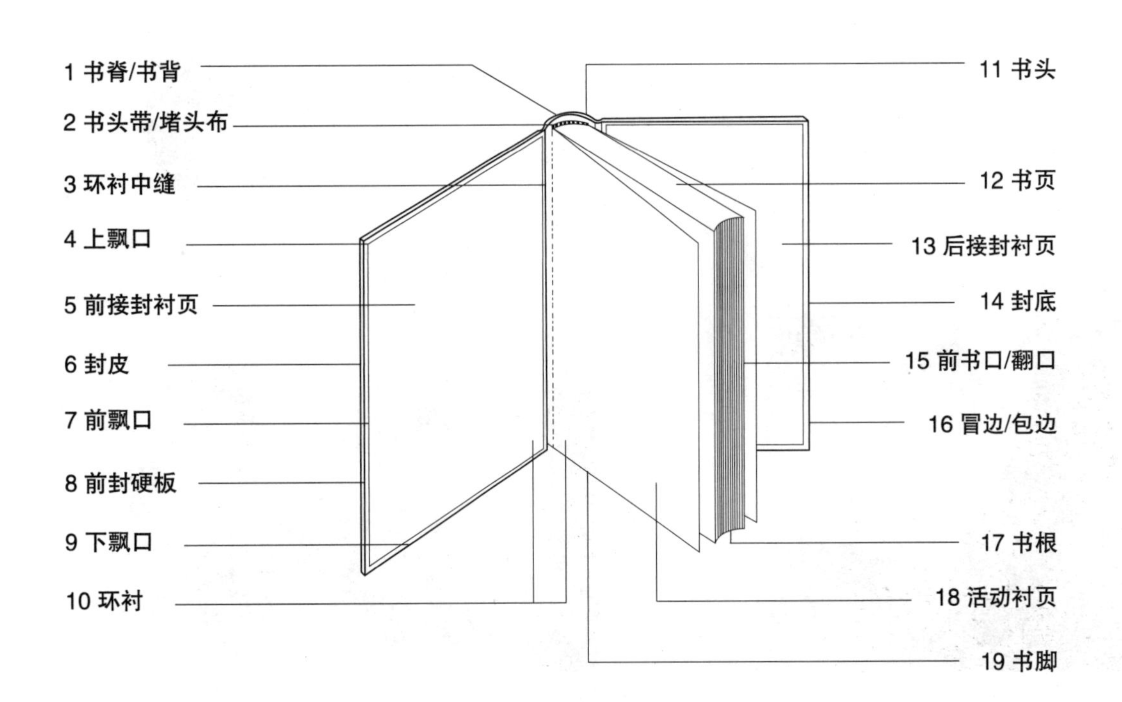

4. 书函

也称函套、书套。是包装书的壳、套、盒，一般用于精装书。同时也用于多本系列书籍，除保护之外更有收纳套书的功能。

冯彝诤设计的《园林古韵》，独有的书函设计，不但能够彰显设计的独特，同时可以起到保护书籍的作用。由于此书介绍的是园林的古韵，所以整书都流露着传统的味道。

图4.37

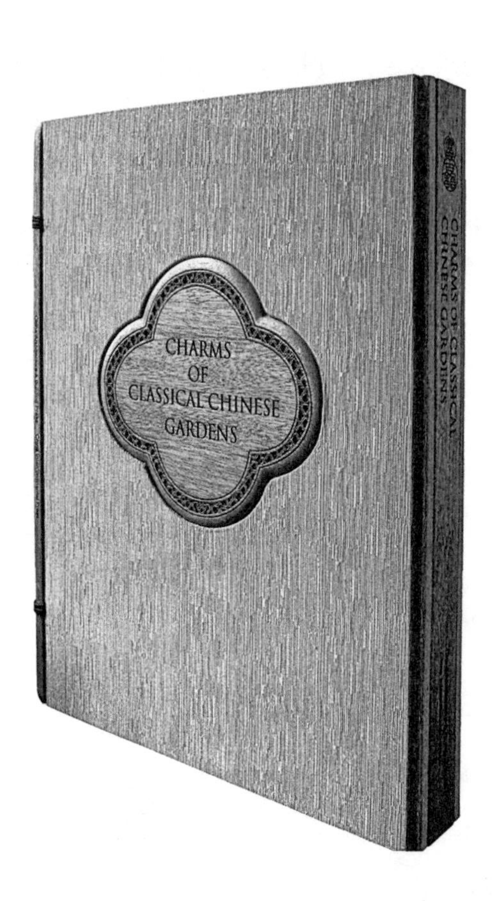

5. 腰封

放置在护封的下方，主要作用是刊印广告语，如同半个护封。设计主要考虑封面的整体风格，以不破坏封面主题效果为主。

6. 勒口

也称飘口、折口。其作用主要是：（1）连接内封的必要部分。（2）编排作者或者译者简介；同类书目或书本有关的图片以及封面说明文字，也有空白勒口。（3）勒口的尺寸一般不小于5cm。

7. 环衬

也称环衬页，是封面后、封底前的空白页，连接到封面的叫前环衬，连接到封底的叫后环衬，是封面到扉页和正文到封底的过渡。

8. 扉页

也称书名页，是正文部分的首页。扉页的基本构成元素是书名、著、译、校编、卷次及出版者。扉页字不宜过多与繁杂。

9. 辑封

也称小封面，是书脊大章节的隔断，每个大章节的封面、章节名称不同，但相关设计需有统一的连续性。

10. 序、自序

是扉页之后、目录之前的一页。

11. 目录

在序之后，正文之前。

12. 版权页

记录书名、著或译者、出版社、制作者、印刷者、开本、印张、版次、出版日期、字数、累计印数、书号、定价等。

13. 正文

书籍主要信息内容部分。

14. 页码

页码的标注方式有很多种，可单页标注，也可双页标注，具体根据整体书籍的设计而定。

15. 页眉

在版心以外，天头附近的空白处表述书名、章、节标题的信息文字。

《过程杂志》是一本关于平面设计的杂志，每一季出版一次。杂志的宗旨不仅仅是为设计师和平面设计师提供灵感，同时还要专注于研究这个世界上最具有影响力和创造性作品的创作“过程”。

这本书中可以看到，设计师似乎用了两个腰封，其实只是一张海报的特殊折法。既丰富了封面的形式，同时又为该书的宣传品——海报做了很好的安置。

图4.38

第5章 书籍设计的构成要素

5.1文字

书籍中的文字，从功能上划分大致分为以下几部分：
1. 正文、标题、跋、旁注、页码等，这些需要整体系统的对其进行秩序化的设计。
2. 文字的字体、字号、字距、行距的设计，会给读者带去很多细微的感觉。
3. 横排、竖排的组合变化，文字组合的疏密节奏的韵律感。

文字不但是阅读的根本，具有功能意义，同时文字本身就是一种艺术风格。无论是汉字还是字母，都是风格的体现、情感的传递。

设计师应该把文字作为书籍设计的重要构成元素，形成俊秀、浑厚、奔放、柔和等具有鲜明的特色与风格。通过不同字体的特色与风格控制读者阅读的舒适度、方向感和紧密度，以此来引导读者阅读这是一种理想的设计方式。

版面中，汉字从左至右横写，或者自上而下竖写，就产生了排列的秩序、行与列的关系。看似简单的汉字组合，其实隐含了明视距离的确定、不可视各自的排列规律。文字的字体、字号、粗细、行距、字距的选择不同，在版式设计中形成面的明度也有所不同，由此决定版式构成黑白灰的整体布局。文字之间的字形大小变化和字体种类选择，使文字的设计反映出内容的因素，让读者能从中品味出刊物的精神和内涵。标题一般不宜采用过于潦草或过于怪异难认的字体。短小的文字内容不宜采用粗壮、浓黑的字体等。简单的直线和弧线组成的字体给人以柔和、平静之感；漂亮优雅的“花体”字体，具有皇家贵族的高贵气质；圆润、粗壮的字体则显得卡通意味等。字体在设计师眼里往往是理解与直觉的结合，这种直觉取决于经验的积累。

图5.1

《解码和重新编码》设计者在这两本书里都运用了折叠技术，并用一张特别设计的包装纸对这两本书进行打包包装。除了折叠，我们还能看到的就只是文字，文字除了功能之外，也是很好的图形装饰元素。

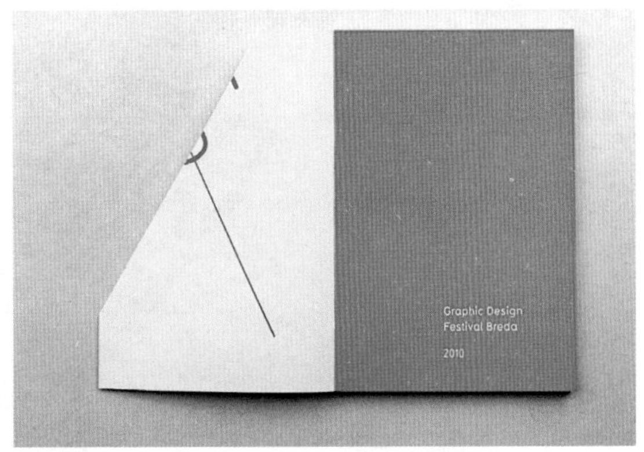

图5.2 遗传研究论文的书籍设计。这本博士论文使用的数学方法很新颖，而且从科学意义上来说，都非常有意思，但对于一般大众而言，就有点专业过头了。为了解决这个难题，对四年来所写论文时用的所有素材进行了容易让人理解的图示分析：它对这段时期所有的电子邮件进行分析，并用图形的方式对其进行了有序的组织。

图5.3 墨西哥新莱昂州旅游公司每年都要出版一本墨西哥新莱昂州官方旅游指南，旨在吸引旅游者到蒙特莱市以及该州的其他城市旅游。简单的文字装饰，打破传统的旅游指南书籍的设计形式，更加凸显其设计的别具心裁之处。

图5.2
图5.3

5.2图像

在书籍中一切可视图像的分类大致为：
1. 插图、图表、装饰图、记号、符号、纹饰、点、线、空白等。
2. 图像的多样化、个性化以及图像表达的时空化。
3. 理论、数据等不可视内容的视觉化表达。

“像”，泛指世间万物，而“像”则是以“图”的方式阐释对象。“图像”是指人们经过选择、组织、整合及处理后，以一定的理念或目的，运用特定的技术工具及手段记录的影像。广义上它包括了所有视觉表现形式中的种类，狭义上是指各种图形和影像的总称。

在书籍中，图像是必不可少的组成部分，它为书籍构建了一个形象的思维模式， 有助于读者思考、阅读，图像是辅助传达文字内容的设计要素。它的主要功能是对文字内容做清晰的视觉说明，同时对书籍的视觉美化和装饰起到了一定的作用，再则是对作品内在含义的解读、发现和认知及再挖掘。如果说文字是抽象的媒介，那图像便是具有可视、可读、可感诸多优越性的媒介，而且具备了准确、清晰、理解快捷、传递简洁等优点，同时还可以在理性的气氛下渲染幽默、趣味的色彩。使得读者对书籍内容的印象更加深刻。

图5.4

此书是为20世纪60年代时光生活出版社出版得《人类与太空》图书进行得再设计。用类似太空材料做封面，利用现代图形语言，描绘了太空的种种形态。手法十分活泼，大胆，是一件吸引人眼球的优秀设计作品。

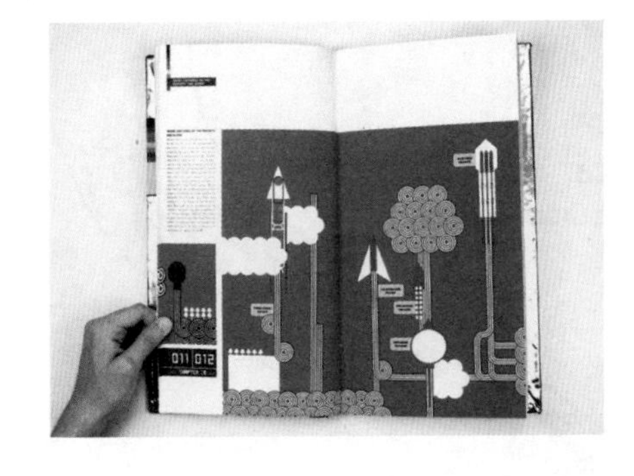

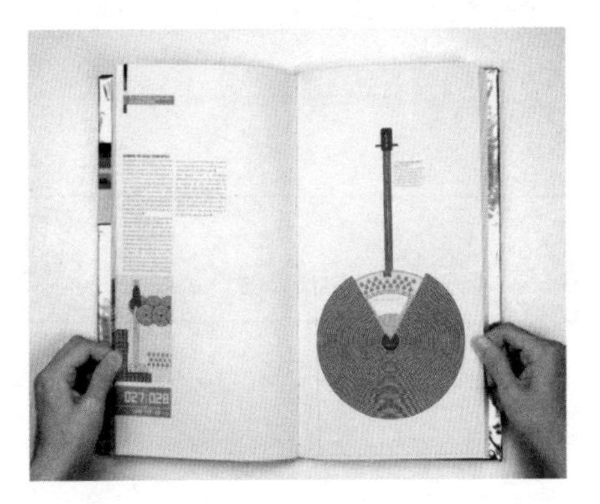

设计师吉耐特·卡隆于2009年设计的《意式面条图案2——当代意大利平面设计》，是一个展览的标题。标识运用意式面条和数字“2”强调该展览的第二版身份。该书按照章节进行划分，设计工作室根据其自身的占地面积进行分类。设计师采用摄影方式进行分隔，匠心独运。

设计师很好地利用了意式面条熟时的柔软、未熟时的坚硬这一特性，将意式面条作为可塑元素，从封面到章节页，将意式面条很好地贯穿进了全书。

图5.5

5.3色彩

色彩，在科学的角度解释了当光线照射到物体后，视觉神经产生有色的、存在的感受。

然而，色彩是赋予感情的，从某种意义上说，色彩是人性的折射。人们的切身体验表明，色彩对人们的心理活动有着重要影响，特别是和情绪有非常密切的关系。

在日常生活、文娱活动等各种领域都有各种色彩影响着人们的心理和情绪。人们的衣、食、住、行也无时无刻地体现着对色彩的应用：穿上夏天的湖蓝色衣服会让人觉得清凉，人们把肉类调成酱红色会更有食欲。

心理学家认为，人的第一感觉就是视觉，而对视觉影响最大的则是色彩。人的行为之所以受到色彩的影响，是因很多时候人的行为容易受情绪支配。颜色之所以能影响人的精神状态和心绪，在于颜色源于大自然的先天色彩，蓝色的天空、鲜红的血液、金色的太阳……看到这些与大自然先天的色彩一样的颜色，人自然就会联想到与这些自然物相关的感觉体验，这是最原始的影响，也可能是不同地域、不同国度和民族、不同性格的人对一些颜色具有共同感觉体验的原因。比如，红色通 常给人带来这些感觉：刺激、热情、积极、奔放和力量，还有庄严、肃穆、喜气和幸福等。而绿色是自然界中草原和森林的颜色，有生命永久、理想、年轻、安全、新鲜、和平之意，给人以清凉之感。蓝色则让人感到悠远、宁静、空虚等。随着社会的发展，政治的、人文的、历史的因素使得影响人们对颜色感觉联想的物质越来越多，人们对于颜色的感觉也越来越复杂。比如，对于红与绿的感觉

图5.6

《王国》一书专为波兰波兹南城 Piekary 画廊举办得 Dorota Nieznalska 摄影展而设计。个性化的设计具有鲜明20世纪70年代的气息。书中运用了两种不同材质的纸张，包括亚光涂布纸、双胶纸两种。图书采用全色和潘通色卡红色032号进行印刷，封面运用了亚光覆膜处理，目录字体全部采用大写格式。

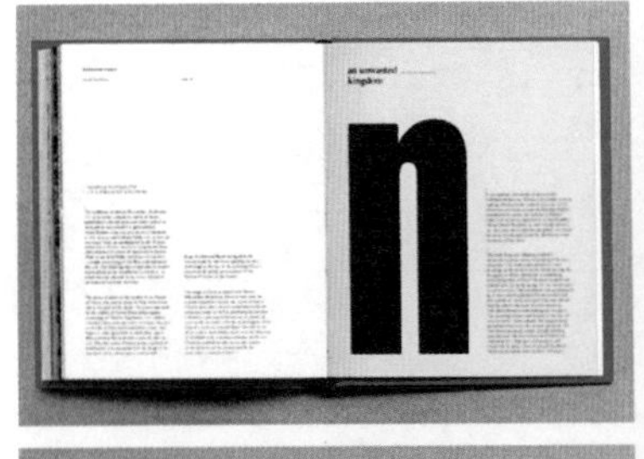

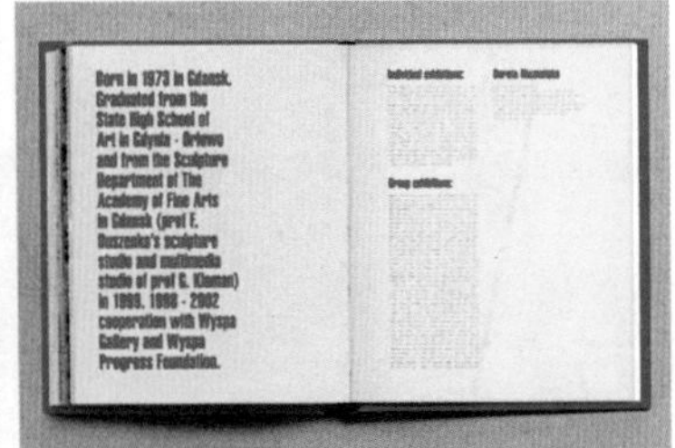

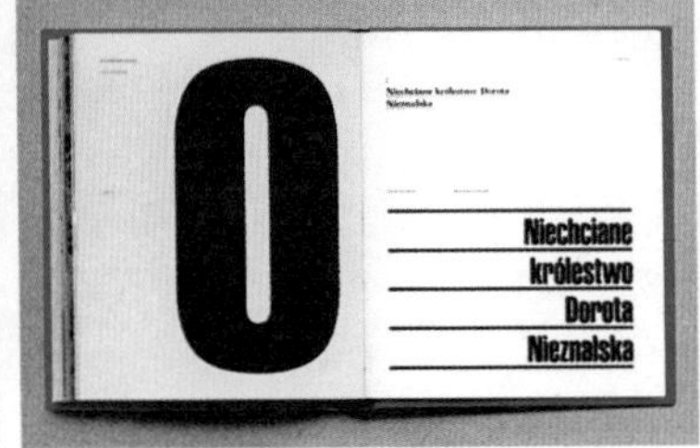

体验，经历过“文化大革命”与没有此经历的人感觉是不一样的。又如中国“丧”的概念是白色，而在日本则为黑色。

色彩作为商品最显著的外貌特征，能够首先引起消费者的关注。色彩表达着人们的信念、期望和对未来生活的预测。“色彩就是个性”、“色彩就是思想”，同理，色彩有时也可以直接展示出一本书的精神情感。色彩本无特定的感情内容，但色彩呈现在我们面前，总是能引起生理和心理的活动。比如黑、白、黄等单调、朴素、庄重的色调可以给书籍带来肃穆的感觉。红、橙等热烈的色调可以给人以喜庆、活跃的感觉。色彩的象征意义，是人们长期认识、运用色彩的经验积累与习惯形成的。

“江南好，风景旧曾谙，日出江花红胜火，春来江水绿如蓝，能不忆江南？”本书的设计受中国古代著名诗人白居易《忆江南》的启发，选择质感如同宣纸的特种纸张，线装方式装订。可以看出，设计师在利用一切可能的元素诠释着江南的感觉。更吸引眼球的是，全书采用一种颜色——蓝色，让读者在翻阅的时候，随时有“春来江水绿如蓝”的感觉。

图5.7

图5.8

该印刷品是Enablis公司2008年的年报，同时也是为了庆祝公司创建五周年而制作。纸张和装订线的设计则象征着公司的发展历程，鼓舞其员工实现从一个层次到另一个层次的提升——从梦想到现实，从学习到收获。本书每一张纸的印刷色都不一样。在书的中央赫然有一行烫印字：鼓励创新，授权员工。

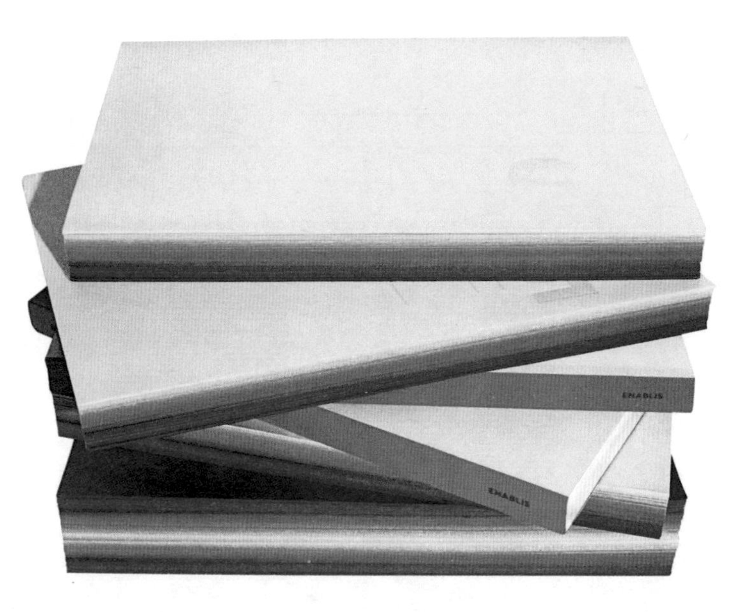

5.4版面的综合设计

版式设计是指书籍正文的全部格式设计。版式设计的最终目的是要尽量达到在视觉上美观，而且在版式设计的过程中，要将设计风格与书籍本身定位相结合。视觉是人的主要审美感官，所以当读者翻阅一本书时，版式设计要优先与书籍内容给读者留下深刻印象，往往优秀的版式设计会吸引读者进一步阅读书籍的内容。相反而言，当读者翻开一本没有设计感的图书，它的版式设计甚至会给读者带去窒息感，读者恐怕很难继续阅读书籍的内容。这就是说，版式设计具有“广告效应”。版式设计中每一个具体可感的对象，其文字、图像、色彩、线条等形式因素都能够影响读者的感受。

一本书的版式取决于页面高度和宽度的比例关系，有人会将“版式”的大小和书籍的开本进行等

图5.9 传统书籍的版式特征以及版式各组成要素
图5.10 现代书籍的版式特征以及版式各组成要素

图5.9
图5.10

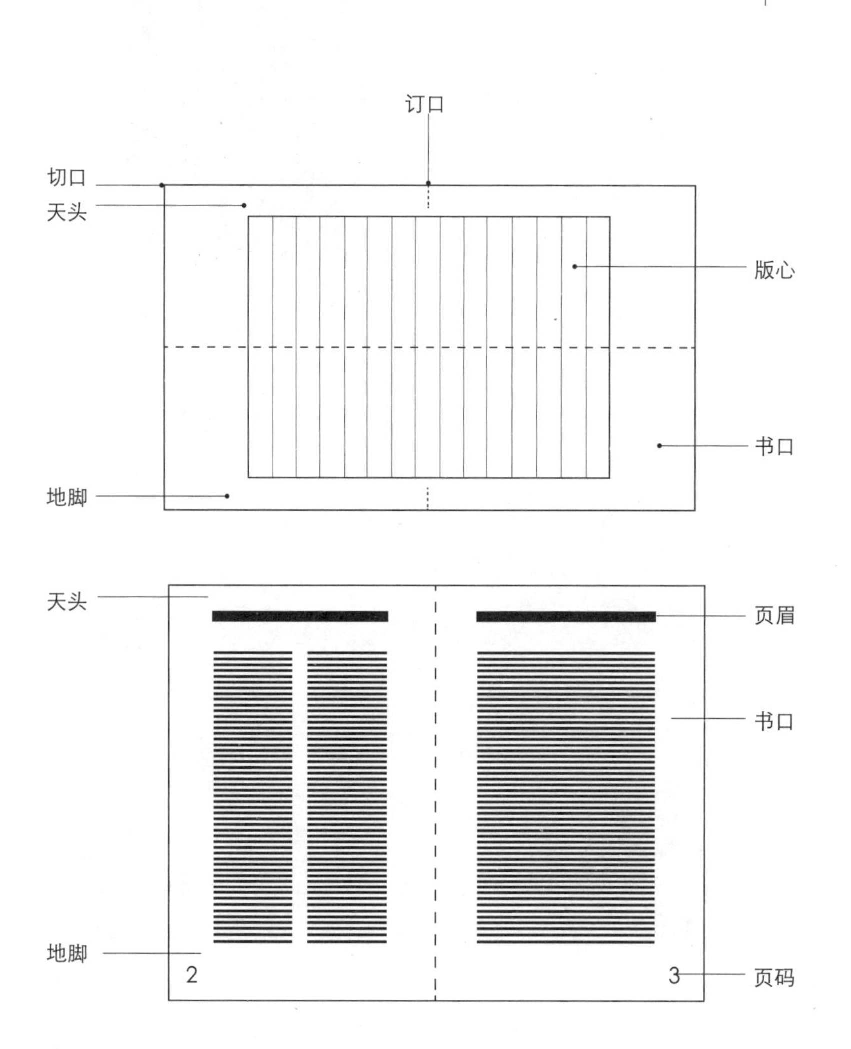

同。其实，不同开本的书籍也可以采用同样的版式。通常情况下，书籍根据三种版式做设计：页面高度大于宽度的“直立型”，页面宽度大于高度的“横展型”，以及高度和宽度均等的“正方形”。按理说，一本书可以制作成任何一种版式、任何尺寸大小，但由于受到现实条件、印刷技术和美学考虑等种种限制，设计出一款有助强化阅读的版式还是有必要的。

在版式设计中对称是被广泛应用的一种形式。它会给人以稳定、统一、稳重、大方的感觉。然而在实践中，绝对对称的版式并不多，而且过分强调对称会使得版式呆板木讷，所以设计师通常都会巧妙运用版式平衡的形式来弥补对称的不足，例如适当增加版面的不平衡性，也就是将原本绝对对称版式尽心“打破”，这个时候就需要设计师运用综合设计能力来进行设计，打破僵化、制造生动。

图5.11
图5.12 图5.13 图5.14

图5.11 《钦定书经传说汇纂》（二十二卷首二卷书序一卷）
——古代线装书典型版面设计

图5.12 / 图5.13 / 图5.14 《良友画报》1926年第一期
江南大学大观藏书馆藏
——民国时期刊物典型版面设计

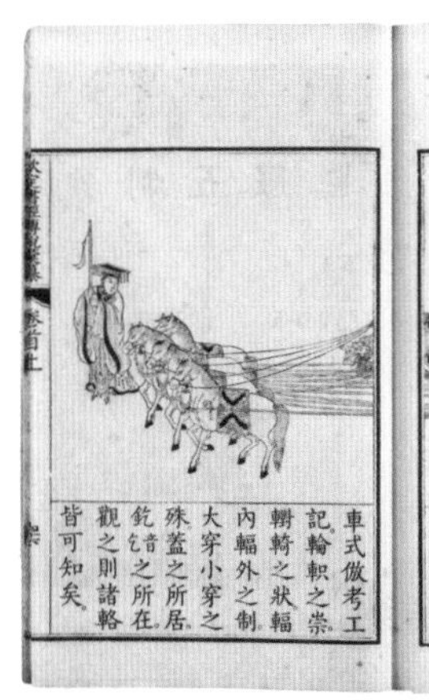

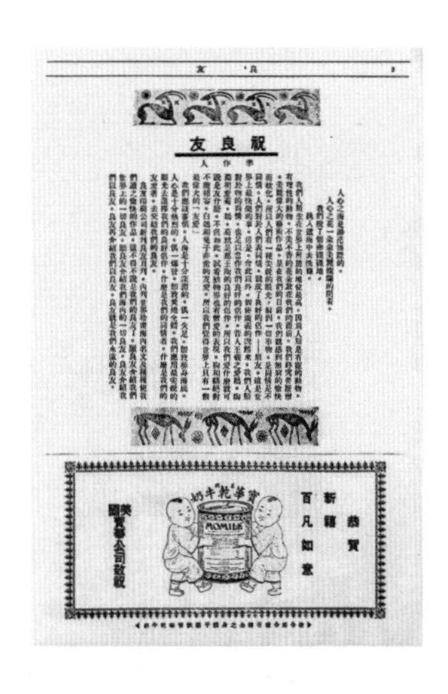

图5.15 现代版式的基本形态分类
图5.16 现代版式设计中的诸多元素

图5.15
图5.16

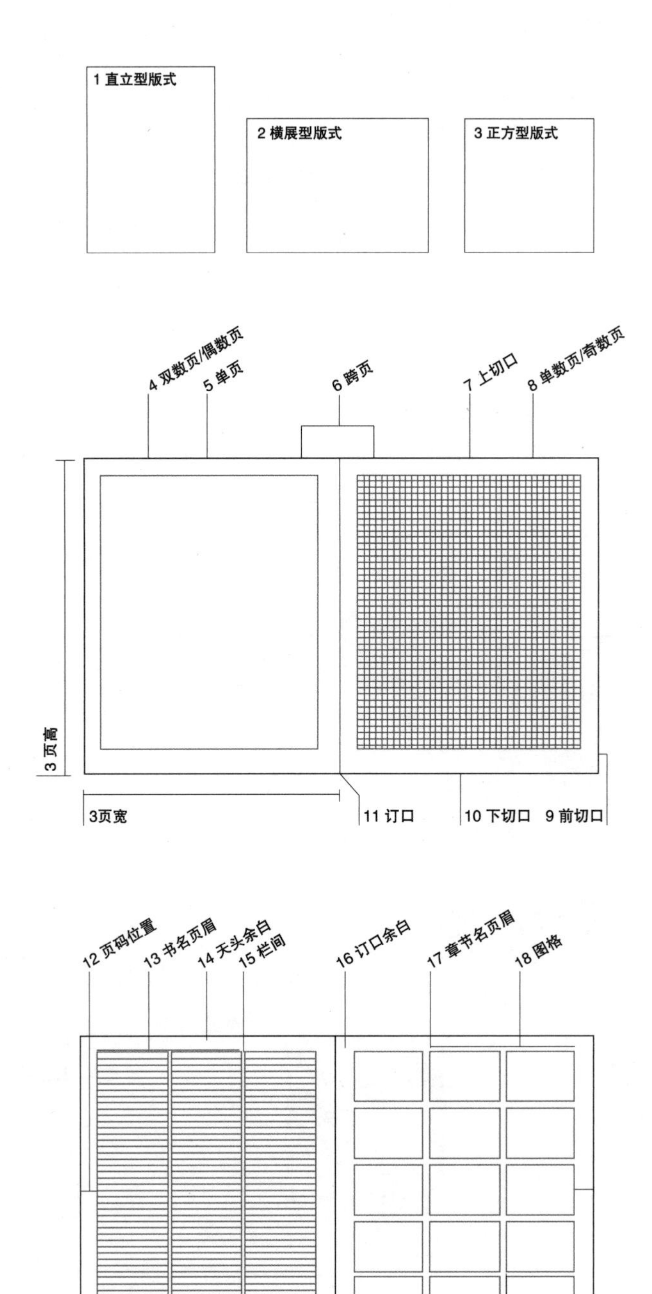

图5.17

《为达弗歌唱》mm设计工作室 2009年。《为达弗歌唱》是一部非盈利性的电影，而本书则随电影附赠，反映了该电影的主要内容。全书围绕“歌唱”，用“五线谱”的视觉形态贯穿全书。既生动，又富有设计感。
——现代书籍的版式设计

SING FOR DARFUR

A FILM ABOUT US AND DARFUR.

UNA PELÍCULA SOBRE NOSOTROS Y DARFUR.

NOT FUNNY

ESTO NO TIENE GRACIA

25.26.27. 28.29.30.

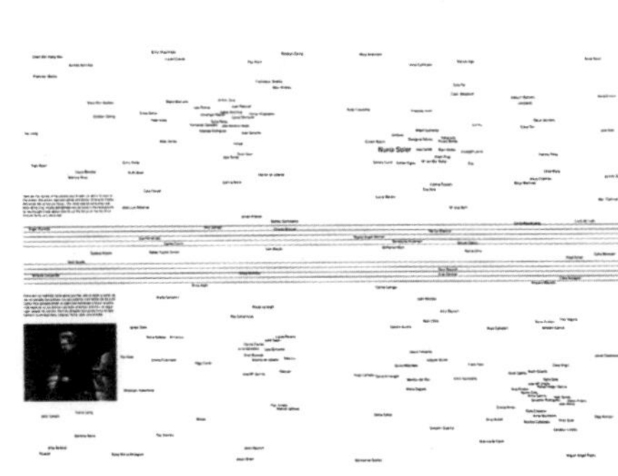

《刘洪彪文墨》
由北京晓笛书籍设计工作室设计，设计者将中国书法特有的笔墨与宣纸的渗洇效果作为设计元素，与现代审美、设计理念和印刷装帧新材料、新方法紧密结合，使得全书内容与形式相得益彰。

全书内文版式设计继承了中国传统书籍的版式韵味，但形式丰富，手法独特。设计师很好地利用网格的特性，使得版式在传统中透露着现代的时尚感。
——现代书籍的版式设计

图5.18

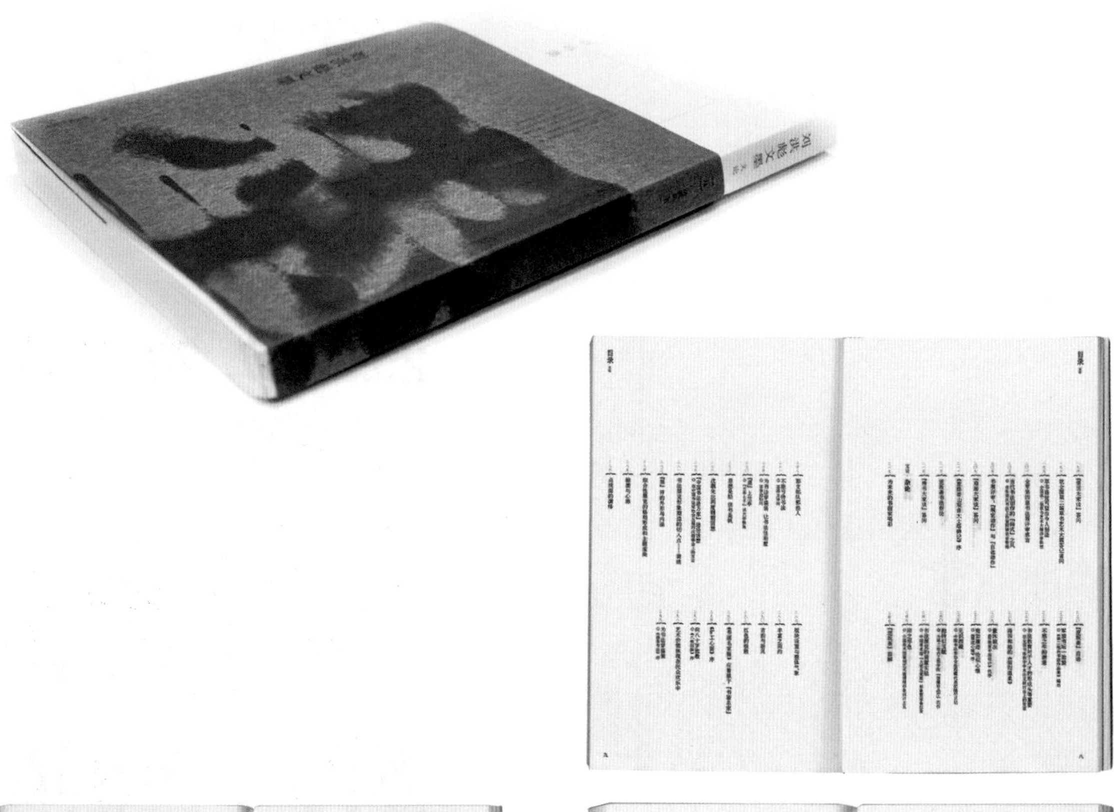

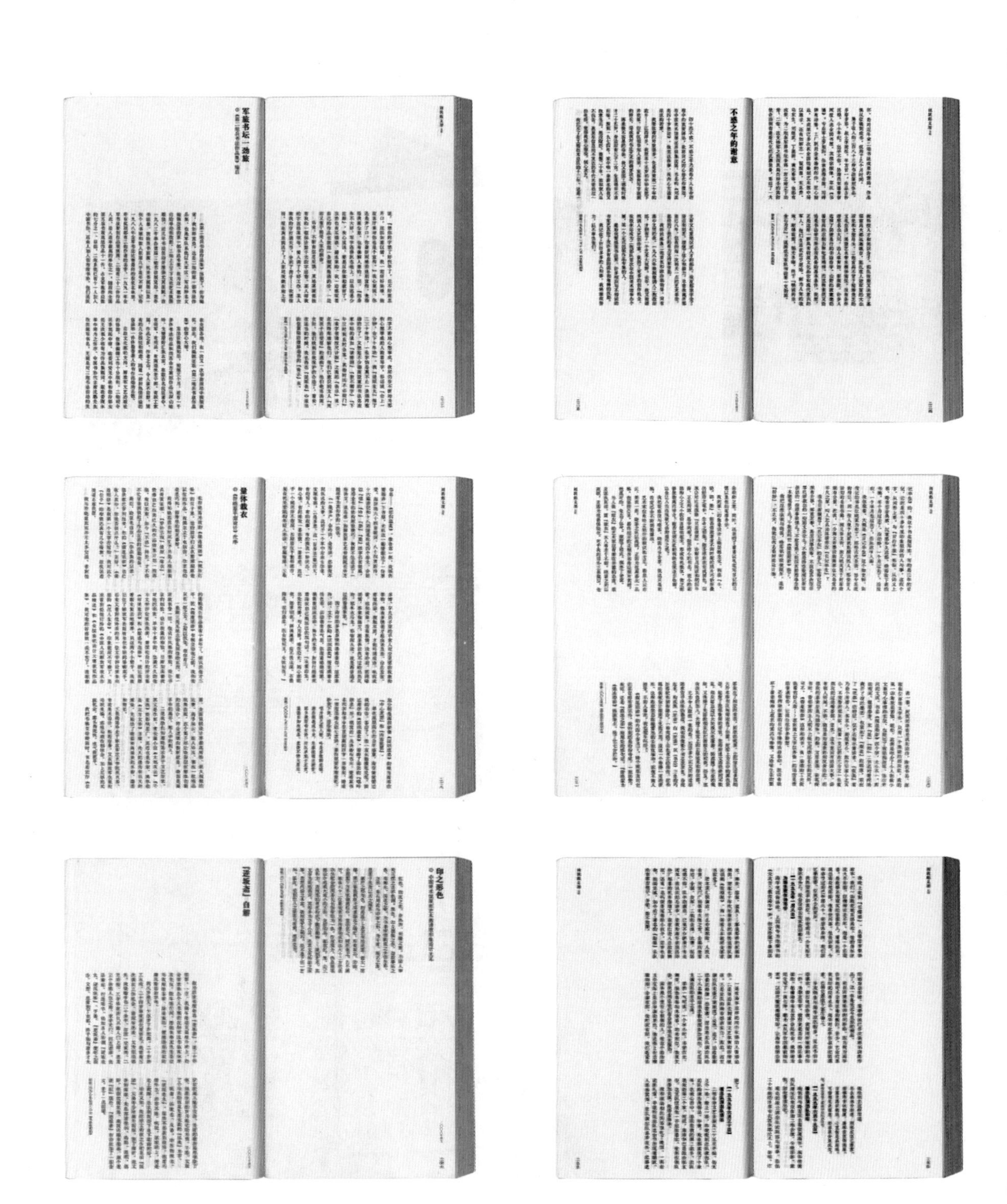

《宏观与微观》
将两种对立的文本装订在一起的图书，图书所探讨的主题有关后现代设计。全书采用了自由的版式设计，充分地体现了这本书的内容——后现代。
——现代书籍的版式设计

图5.19

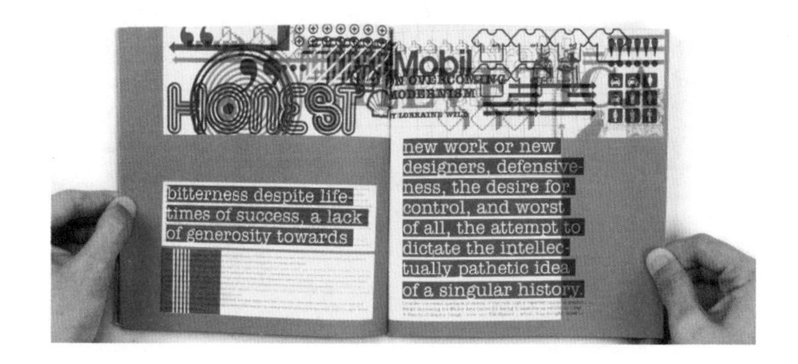

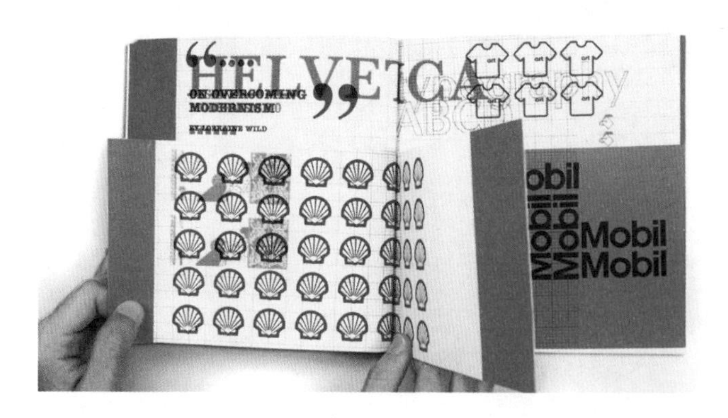

第6章 书籍呈现的物质介质

材料、工艺技术的使用和发明，对于书籍艺术的发展起到了至关重要的决定作用。这一观点不仅适用于中国传统书籍发展的历史，在世界范围以及当下时代书籍形式的多元化发展下，一样适用。

俗话说:“感人之心,莫先乎情。”可见情感在人体对事物认知中的重要性。在书籍设计中，如何先入为主，用外在的形态打动人心。首先就在于书籍文字与图片的承载物——书籍材质。美的材质是外露而可被感知的，每一种材质都具有自身的个性与情感体现，这需要设计师更好地驾驭这些材质，将它们合理地、发挥最大潜质地运用到自己的作品中。

图6.1

一套共四本手工制作的书，源自于伦敦中央圣马丁艺术与设计学院的MA项目，选择了特殊的材质作为书籍的主题部分，运用刺绣的手法诠释图形的魅力。形式多样，效果独特。

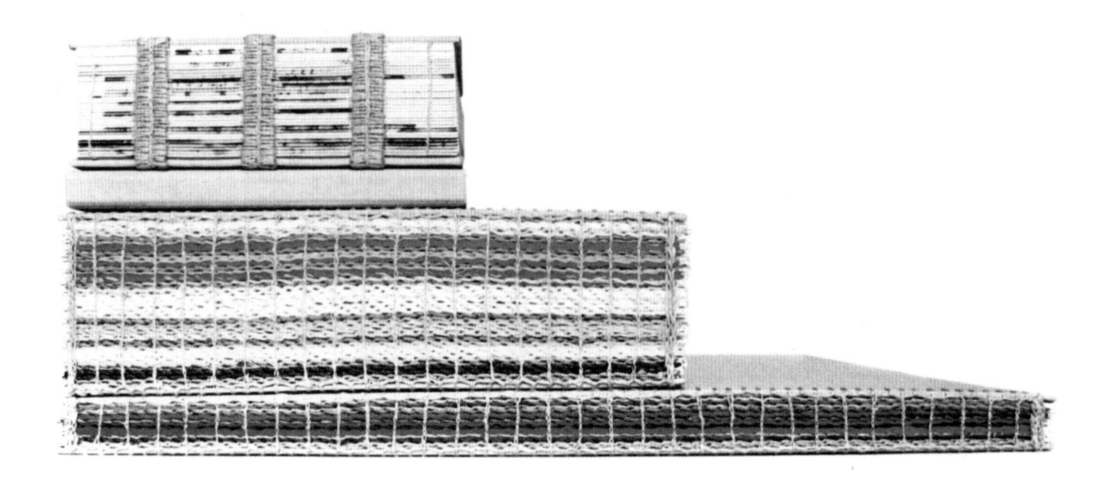

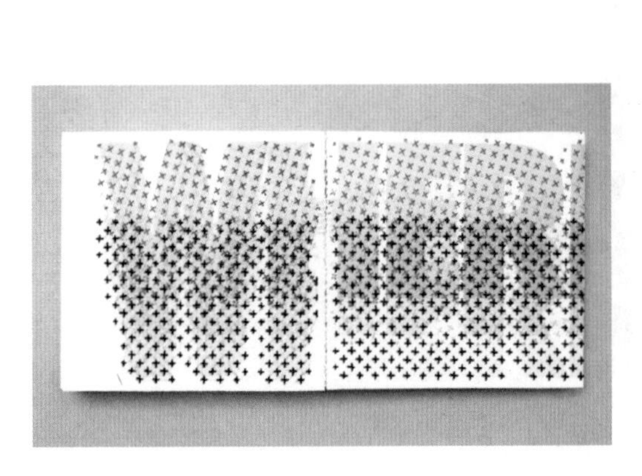

6.1纸质文化的魅力

我国是发明造纸古国。纸不仅可用来书写、绘画，广泛传播文化信息，还能施展能工巧匠们在纸面上创造平面艺术的才华。它推动了人类文字载体的革命，对世界文明的推进有着不可磨灭的贡献。

纸是信息传播的媒介,是视觉传递的平台。纸张给传递信息、传播文化、表现书画艺术 、推动印刷术等均提供了发展的机遇，是中华乃至世界文明史发展的重要催生物。纸张与人们的生活休戚相关，已是人类生命中离不开的现实存在。

纸张在书籍上的使用，从单张的书页积累到装订成册，使中国从传统书籍发展到册页制度， 这种制度也是至今在全世界范围内的所有纸质书籍的普通形式。

在近代书籍装帧设计中，设计者往往只在电脑里进行图形文字的平面拼贴，纸张只作为成本最低、最宜携带阅读的基础用材。随着当下设计概念的转换，设计思维的提升，“书籍装帧设计”逐渐被“书籍设计”所取代,设计者必须从文字、图像、色彩以及开本、装订、印制、材料、时间等多方面进行立体创作；必须对印制材料进行认真地选择和把握，从而充分彰显充满个性的纸张魅力。

纸张的绝佳优异性，赋予了书籍如今的辉煌。一本书的整体书心、印刷的表面以及内页，基本都是由纸来组成的。因此，在作书籍设计之前，重要的一部分是需要了解纸张的物理性质，熟悉各种可供书籍设计的不同纸张。

包装用纸做书籍，打破传统的厚度以及质感，使得触感、分量都有全新的体验。

图6.2

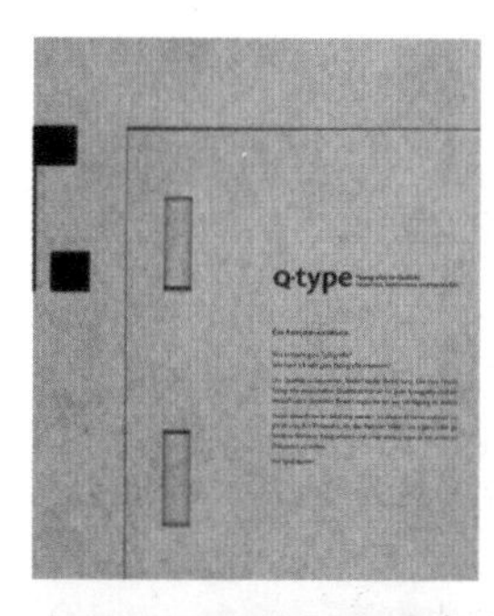

1. 纸张的物理特性

纸张包括以下一些物理特性：大小尺幅、重量、厚度、纹路、透光性、表面梳理以及颜色。在作书籍设计时，为书籍挑选适合纸张的同时，还需要考虑价格、供应等因素以及纸张的着墨性、再生原料的含量等细节问题。

■纸度

纸度即为纸张的规格。在手工造纸初期，尚未制定纸度的相关标准。19世纪工业革命后，纸张的制造转入机器印刷的时代，这就需要对纸张制定规格标准，从而可以配合机器印刷作业的流程。主要标准纸度分：ISO纸度、北美纸度和英伦纸度，而中国主要实行的是ISO纸度。

■纸重

纸重即为纸张的重量。纸张的测量方式有两种，一种为北美地区的测量方式，是以“一令”即五百张全纸的磅数作为计重基准。另一种测量方式较为普遍，是以面积每平方米纸张的公克数作为纸重单位。后者的方式与纸张的大小规格完全无关，用来比较不同纸重的纸张。比如50gsm的纸一定非常轻，240gsm则必然重许多。

■丝流方向

丝流方向即为制造纸张过程中的纤维分布的方向。丝流方向产生于机器造纸的过程中，手工造纸则不会。纤维方向顺着纸张的长边则称之为“直丝”，顺着短边则称之为“横丝”。顺着丝流方向可以很顺畅以及平整地撕下纸张，反之则会撕的参差不平。沿着“直丝”折叠纸张，会比沿“横丝”更加容易、更加平整。

图6.3

ISO标准的A4纸的原理是：任一矩形对半切分后仍维持相同的版式。

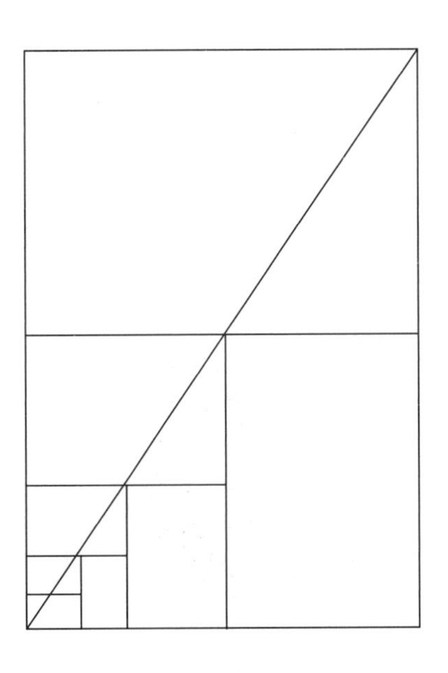

■透光率

透光率即为光线穿透一张纸的程度。透光率主要取决于纸张的厚度、纤维的紧密程度以及表面加工的不同种类。在设计书籍时，透光率是选择书籍内页纸张不可缺少的考虑因素，透光率过高，背页透印会干扰阅读。但是，设计师可以利用不同的透光率，创造不同的设计效果。例如透光率高的纸张能产生多层次的透叠视觉效果等。

■色泽

纸张的色泽主要产生于拌浆过程中加入的染剂。一部分造纸厂可以保持纸张的一贯色泽，但也有一部分造纸厂（尤其是使用大量再生原料）则会由于原料的不同产生成色的差异。选纸过程中需要细心审视纸张色泽的属性，并且考虑印刷图片之后的效果。

《记录之间地空间和地点》
在这个由KOP当代艺术空间发起的项目中，第一位艺术家会被要求画一幅画，接着另一位艺术家需要在这幅画的启发下谱一段曲，下一位艺术家则要根据这段曲子画一幅画，以此类推。《记录之间地空间和地点》这本书包括了上述所有的画和曲子。因此，画和曲子对于该项目来说同样重要。设计试图为CD盘设计一张非常特别的封面，最后终于找到了解决方案，那就是为其设计一个透明的封套，展览海报也可以放在这个封套里。

选用透光性较好的纸张来诠释书中重叠感觉的内容，一幅又一幅的画，一首又一首的歌。

图6.4

2. 纸张的五感体验

材质是材料的质地，不同的纸张材质具有不同的审美特征和情感特征，它与电子书相比，缺乏感官体验和艺术美感。因此正确选择和合理利用材质特性，从某种程度上来说，是书籍设计艺术魅力形成的重要环节。当今时代，纸张仍然是文字最主要的载体，其具有其他材质不可代替的视觉质感和触觉质感。

一册书在手，首先体会到的是或结实或飘逸的质感。通过手的触摸，材料的硬挺、柔软、粗糙、细腻，都会唤起读者一种触觉的新鲜感。人们常说:“墨香纸润,开卷有益。” 打开书，纸的气息，墨的气味，随着翻动的书页不断地刺激着读者的嗅觉。古人读书时，贝叶书细微的沙沙声,竹简书在翻阅时清脆的碰撞声,缣帛书绵软的摩擦声……到如今厚厚的辞典发出的啪嗒啪嗒的强烈响声，柔软的线装书发出的类似积雪沙啦沙啦的静静的微弱声音，都如同听到一首演奏美妙的乐曲。随着眼视、手触、心读，犹如品尝一道菜肴，常常使读者沉浸其中。一本好的书也会触发读者的味觉，即品味书中音韵。而作为整个读书过程，视觉是其中最直接、最重要的感受。这五种感觉的综合作用，使读者完成了阅读的心灵体验，形成了对书籍的总体印象。

纸之美，美在体现自然的痕迹——它的纤维经纬、它的触感气味、它的自然色泽、它由印刷透于纸背的表现力（触感性、挂墨性、耐磨性、平整性）。纸张的美为我们的生存空间增添了无穷享受愉悦的气氛。即使在电子数码时代的今天，人们仍旧在感受纸张的魅力，这是一种无法替代的亲近感。

图6.5

《我观/情绪》是一本图文书，它刻画了生活、情感和自我的本质，并通过反向的方式促使人们去思考生命的意义。利用网格的方式诠释着作者的一些思想。

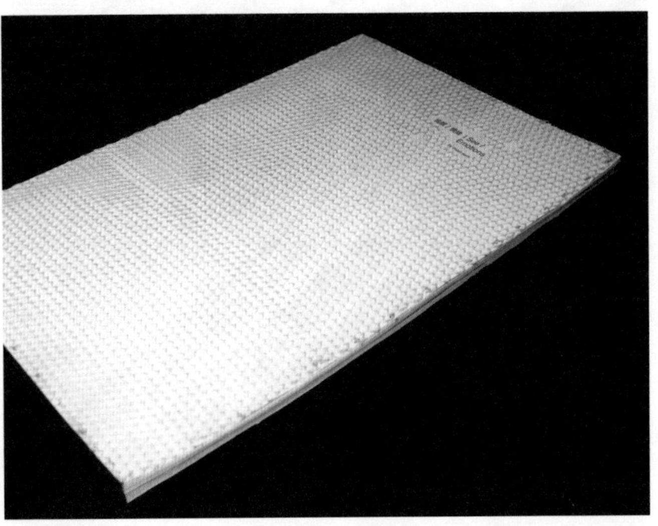

这册《乃正书昌耀诗》，如同昌耀的诗一般，也是一个传奇。该书装帧奇特，独步书林，曾被评为“中国最美的书”。诗书合璧，尤其是那书口突兀的黑，让人难忘。每一页粗糙的切口设计，配以正文的手写形式，使读者在阅读时，全方位地体会到视觉的享受、触感的体验和内容的惬意。

图6.6

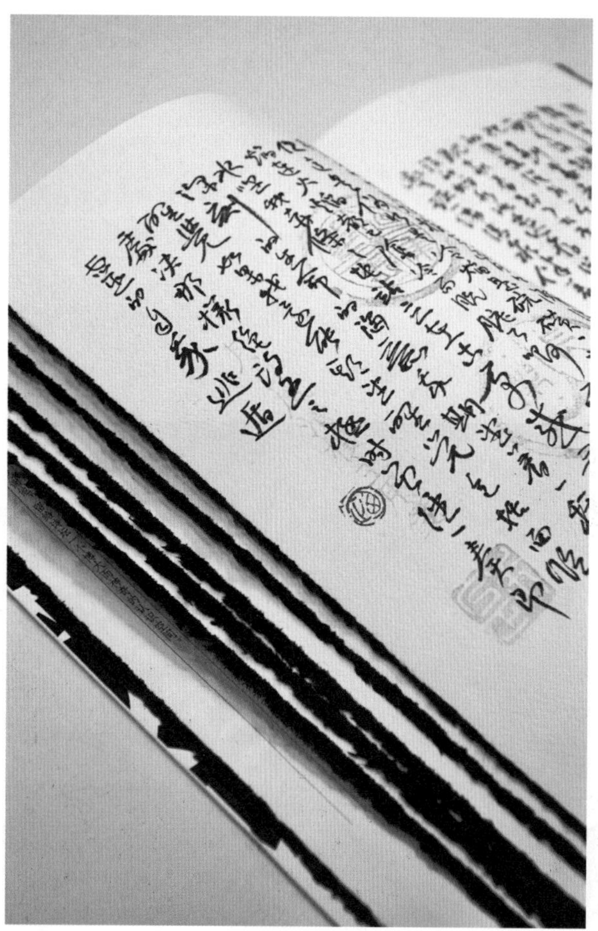

《穗子项目》像碎纸机下的纸张，打破平静的封面。

图6.7

现代书籍设计已经不再只是局限在矩形开本中做文字信息传递的简单设计了。纸张的触感不光体现在它本身的质感上，同时，它的可塑性也能带来很多意想不到的设计效果。例如切割、撕扯、卷曲等。设计师会利用一切可能的设计语言，通过多方位的诠释，将书籍很好地展现在读者的面前。

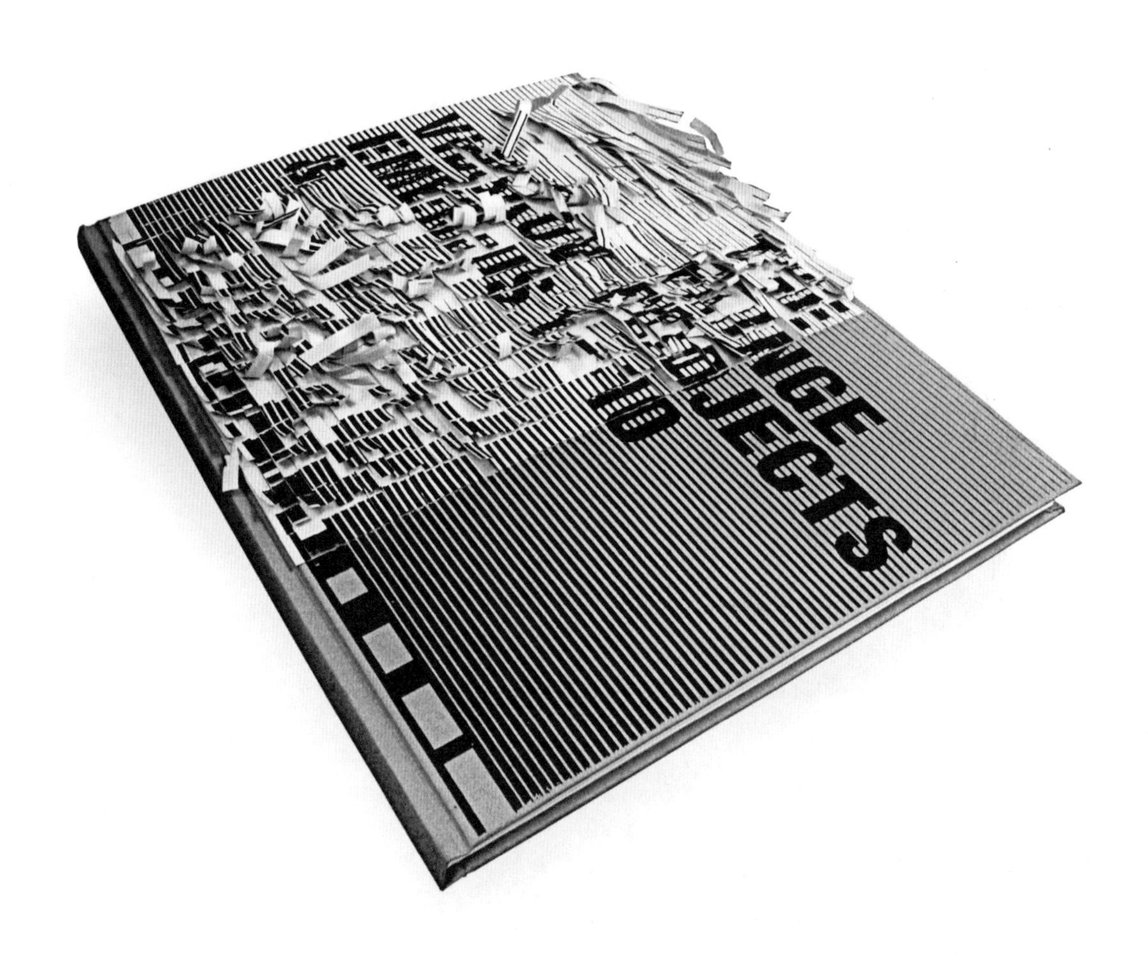

6.2印刷工艺的影响

印刷术的发展使得书籍的形式趋于统一，书籍版面的形式以及字体的选用也越来越趋于固定化。

由于印刷的需求，刻印本的版面出现了手抄本所没有的形式特征。例如“鱼尾”和“象鼻”的出现是为了更加准确和快速地折叠印好的书页；又例如牌记，提供了有关印制及处所方面的信息。

中国古老的文化传统中很早就致力于文字的复制。人类早在公元前1000年左右，浮雕的阳文印章和字范的应用以及后来使用雕刻100多字的大型木章，都表明古人努力寻找代替手抄复本方式的趋

文津博物馆所藏黑印、红印原雕版

图6.8

势。在印刷术发明之前，纸和墨的技术改进之后，刺空镂花的纸版复印图案和画像，用纸墨拓印碑文的技术都已经很发达。尤其拓本的技术发展，很近似于雕版印刷，从而促进文字大量复印的可能性。

■雕版印刷术

手工抄写仍然是雕版印刷技术中的前期环节。负责抄写的人俗称："誊文工"，由他抄写后翻面贴于木板上，刻工以此雕刻成用于印刷的反字版。因此，雕版印刷的书籍版面与手抄复制的书籍版面形式上基本一致。

由于佛教盛行，雕版印刷术被广泛应用于唐代。到了宋代，佛经的社会作用被儒家所取代，儒家学术再度复兴使得社会在经学、史学、理学以及科技等许多方面的成就达到了一个高峰。雕版印刷术的采用加快了书籍的复制速度，增加了书籍产量的同时降低了成本，对于寒门学子是一种恩惠。

■活字印刷术

我国宋代布衣毕昇于1045年（宋仁宗庆历五年）发明了活字印刷术，这项发明可以说是扩大了书籍的产量、提高了生产效率、降低了制作成本，达到适应书籍得以较大规模传播的目的。此外，活字印刷的材质除了胶泥、陶瓷、木块以外，还出现过铜、锡等金属材料的活字。

活字印刷术是雕版印刷术优势的继续扩大和发展，然而活字印刷术在中国的发展却出现了另一番景象。雕版印刷的方式灵活，由于大量印刷成书会造成积压，造成资金的冻结，雕版印刷可随时因需求进行印刷。而活字印刷不能反复应用，同时一套整版的活字印刷工具价格不菲，还需要额外的活

图6.9

此书采用了夜光、凹凸压花封面的技术。
这是为伊塔·奈的艺术展设计的书和推广手册，伊塔·奈是一位艺术家，安迪奖的得主，同时是一位钟表设计师。该展览于2007在特拉维夫的以色列国博物馆举办。

字应用管理系统所消耗的人力成本。中国传统文化中的审美情趣也促使了活字印刷的冷落，雕版印刷的版式风格以及字体的脱俗美感才能满足古人的审美需求。可以说，中国文化创造了活字印刷，而中国文化的特点又使活字印刷难以在本国长足的发展。

■现代印刷术

现代印刷术工艺种类繁多，主要有凸版印刷、凹版印刷、平版印刷、丝网印刷等。

凸版印刷是用凸版施印的一种印刷方式，是指图文部分明显高于空白部分的印版，如活字版、照相凸版和感光性树脂版等，适宜印刷小开本。如：包装盒、请柬、贺卡、名片、信封、信笺等。

凹版印刷是用凹版施印的一种印刷方式。凹版是指图文部分低于空白部分的印版，主要有照相凹版和雕刻凹版，常用于钱币、邮票等有价证券的印刷。

平版印刷是用平版施印的一种印刷方式，是指图文部分与空白部分几乎处于同一平面的印版。如：平凹版、PS版、多层金属版以及无水平版等，常用于书籍、海报、包装、挂历等大量彩色印刷品。

《La Cambre模式》这本书被设计成了速写本的样式。书中包含五种不同的纸，每种纸代表 La Cambre公司一年的历史，共五年。书的开始用的是非涂布纸，最后过渡成强光泽涂布纸。

本书第一视觉点最出彩的是书籍切口的印刷工艺，这是现代印刷技术所带来的闪光点。

图6.10

丝网印刷是孔版印刷的一种，孔版印刷是指印版的图文部分可透过油墨漏印至承印物上的印刷方式。丝网印刷印版呈网状，版面形成通孔和不通孔两部分，印刷时油墨在刮墨板的挤压下从版面通孔部分漏印在承印物上，主要应用于织物、玻璃、铁皮、金属板及立体面上的印刷。

图6.11

这本书是荷兰移动通信公司Ben 的用户使用手册，共32页，每一页都采用厚纸板，封面有5mm厚，封底内侧有一个可以放软盘的凹槽。正因为有了现代印刷技术的发展，设计师才能得心应手地选用各种可用的材料去印刷加工，体现设计的真谛。这本书用布面书脊，书名巧妙地织绣在书脊上面，与封面的书名相映成趣。

6.3 新技术、材料的介入

■油墨

特殊油墨印刷，可根据设计需要选择特殊的油墨，印制专色。例如荧光油墨、感光油墨、感温油墨等。设计师可利用此工艺，设计独特效果的书籍。

■烫金

通过加热、施压，将金、银、白金、青铜、黄铜、红铜等金属箔料的背面粘到纸上，产生闪亮的金属光泽。

■拱凸

拱凸是在纸张表面做出突起的图纹。可在硬板上以照相腐蚀或模印方式形成反向的凹陷图纹，然后

正如书名所说的——好创意在黑暗中也能发光。
利用夜光油墨，合理又独具匠心地体现了书籍的内容。

图6.12

图6.13 图6.14
图6.15

图6.13 / 图6.14　这是一本2000年为荷兰服装公司G-Star春夏季服装所做的产品宣传册。用黑色厚泡沫盒来包装，这个包装与宣传册很好地融合为一体。盒盖胶钉在封面上，封底和盒底凹陷部分融为一体。将盒盖与盒封面合起来后，浅绿色的书脊映入眼帘，这是本书黑色外包装上仅有的亮点。
将宣传册从前到后打孔，然后用工业骑马订（纸箱包装用的粗订书钉）固定封面和封底。宣传册内部从头到尾使用高光纸，从而与外面粗糙多孔的黑泡沫表面形成鲜明的对比。

图6.15　这是2009年度Ch.ACO术展推广手册，内容包括画室或者参展商注册展览的方法，以及介绍智利艺术的一些文章。该艺术展是在一个机场举行，展览地点包括机库、帐篷以及跑道。采用了丝网印刷和模切的技术手段，使得封面的视觉效果更加生动。

再施加重力将硬板压在纸面上，凹陷图纹便会在纸上留下凸纹。

■模切

运用模切可以把纸张切割成各种形状或在纸上打出空洞，但对切割的尺寸有限定，过小或者细致的图形无法精确地模切。

■镭射錾刻

镭射錾刻的费用比模切昂贵，处理速度也比较缓慢，但是能够制作出十分精细的切割效果，可錾出直径与纸张厚度相当的极小孔洞。

■加膜

加膜是在纸张上施加保护层。一般的加膜运用的是加热、加压，将一片透明的塑料胶薄膜紧紧附着在纸张的表面。

本书是为展览而设计的，这个展览是欧洲亚麻和大麻联合会举办的，该联合会召集20位时尚设计师在亚麻上设计出各种各样、风格独特的作品。所以采用了刺绣的元素，用刺绣材质以及纹样多重手法贯穿于全书的各环节中。

图6.16

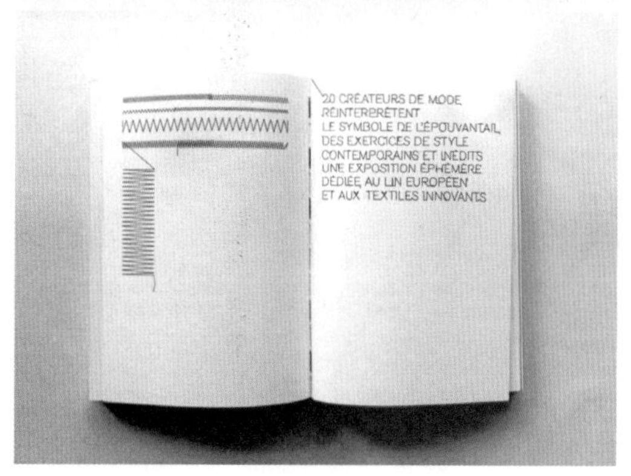

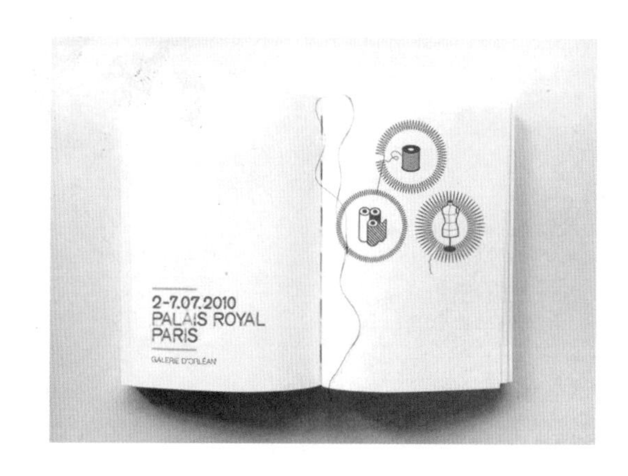

■新材料

当代书籍设计的材料已经不再仅仅局限于纸质了，木材、金属、塑料、织物、皮革甚至是高分子材料、高科技复合材料等都是设计师手中的材料元素。

图6.17

《孟买》一书采用了数字印刷、黄麻纤维六色锁线等技术。印度是纺织品之国——在不同的织物上组合鲜艳的色彩和缜密的图案。《孟买》这本书也体现了这个特点。该书介绍了孟买一系列的纺织艺术品。这些艺术品都是用手工订制在黄麻纤维上的，它们反映了印度大城市的发展历程。但城市化不仅仅是丰富的色彩和飞速的发展，生活在孟买的人也会看到它不好的一面——各种各样的问题以及希望的破灭。这些艺术品不能全面反映这些缺陷，但是还是能有所体现。每一个刺绣的反面都是一位德国记者对其的理解。这样一来，艺术品的缺陷也变成孟买的缺陷了。

《OUBEY心灵之吻》
这套介绍德国艺术家OUBEY的出版物内容非常丰富。

无论读者翻开哪一卷，都可以感受到OUBEY对于3D技术的感兴趣。书脊强调了OUBEY作品的连贯性和幽默感。按照某一特定顺序摆放时，书脊可以拼出OUBEY的名字。如果书的摆放顺序不同，则会有不同符号的出现，就像象形文字一样。同时在封面的设计中也强调了3D的立体效果。

图6.18

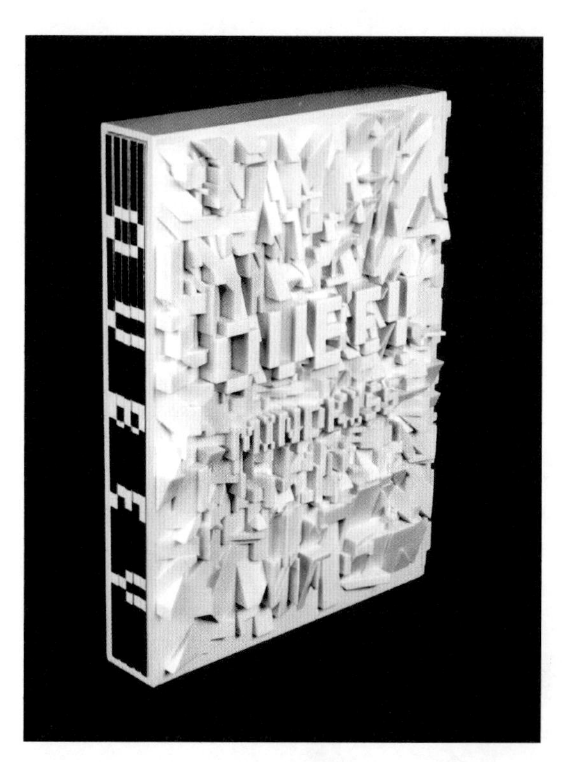

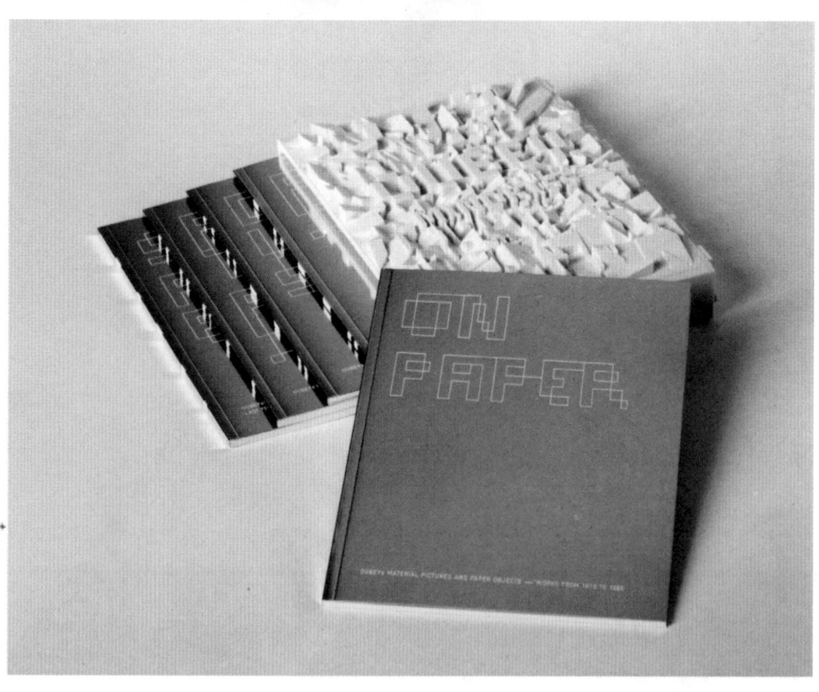

图6.19

《瑞典国立与设计大学毕业展宣传册》
设计师的目的就是从一个字："看"入手，将立体的三维眼球形态直接移植在书籍设计上，更有趣的是，这个眼球有着不同的颜色，并会发光。可以想象，闪闪发光的眼球在路边的海报栏，在书店的书架上一闪一闪，是怎样的吸引人。

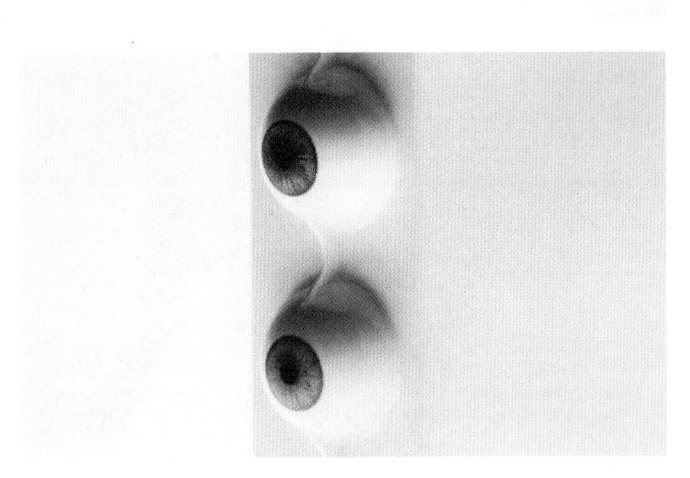

6.4 材质的触感体验

吕敬人教授在接受日本设计师杉浦康平的访谈时曾说："古人是动感地创作书籍，书籍的装帧、材料、文字编排等。随着时代而不断地变化，决不会停留于一处。老子有言'反者道之动'，静是相对的，动是永远无止境的，任何事情都在动中产生变化，前进。"因此，承印书籍的材料也不仅仅限于纸材上。

现代书籍设计的一个显著特点就是特殊材质的运用，这些特殊材质用于书籍设计已不再局限于纸材、木材，而是增加了人为加工的材质，如金属、塑料、织物、皮革甚至是高分子材料、复合材料等。人们翻阅书籍时，已不仅仅停留在它的色彩是否绚丽、图片是否漂亮，还很看重这些特殊人工材料的肌理效果所带来的特殊审美感受。各种材料的质感、色泽、肌理能表现不同的个性与特点，配合书籍本身所需的功能加上设计师巧妙地利用这些材料的特殊性，使得书籍更具有艺术性与趣味性。

该书是为在新加坡Useless画廊举办的Browsing Copy展览定制的。密封木质书套里可能有也可能没有贾斯廷・瓜里利亚所著的《少林・禅宗之寺》一书，设计师利用材质制造了一定的神秘效果。

图6.20

图6.21
图6.22

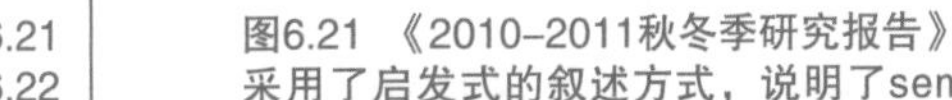

图6.21 《2010-2011秋冬季研究报告》
采用了启发式的叙述方式，说明了semi-couture这个女装品牌的设计思路是浪漫主义风格和高品质的结合。该书由32页非涂料组成，胶版印刷，封皮是模压帆布材质。由于应用了水洗处理技术，整本书给人一种高品质的印象。

图6.22 《哪里有烟，哪里就有火》这本书介绍了老卡瓦列罗卷烟厂的历史变革。该厂以前生产卷烟，现已改造成了创意工作区，建筑家、摄影师、工业设计师、平面设计师和网站设计师在这里进行各种各样的创造性工作。

封底和封面上的文字使用了丝网印刷技术，并采用了火柴盒结构，因此你可以用这本书引燃火柴。该书同时使用了不同的纸张来代表建筑中的不同材料。

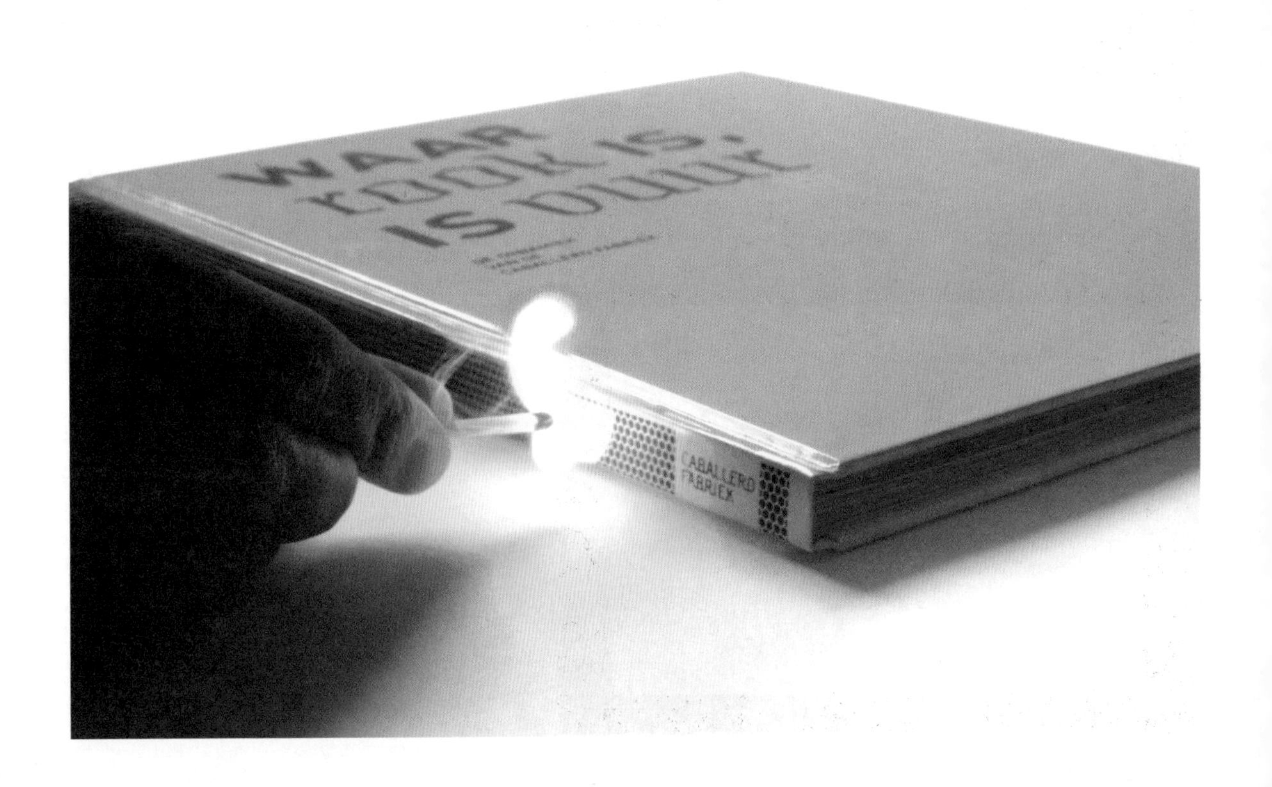

书籍设计艺术随着当今信息与科技的高速发展，呈现出空前的繁荣。新兴高技术材料、复合材料的层出不穷，材料加工工艺的不断更新，为书籍设计创造了更开阔的空间，注入了无限活力。笔者回顾书籍设计艺术的发展史，不难发现，每次书籍设计的更新和发展都伴随着工艺、材料的变革。这就要求我们书籍设计从业者必须了解和掌握尽可能多的不同属性材料的个性，为自己的设计所用，创造出更好的书籍设计作品。

未来的书籍到底会进化到何种程度，这一切在目前看来都无法准确定论，而从书籍漫长的历史发展中可以窥见，材料与工艺的进步作为人类智慧的见证，推动着人类书籍的一次次地蜕化，日趋完美。在新的时代中，毫无疑问，材料与工艺的突破势必将带来书籍的另一次大发展，这种发展不仅是物质性的、技术性的，也将必然对书籍的美学产生重要的影响和推动作用。这一切正如设计评论家艾莉斯·特姆罗所说的那样“或许只有这样，当得到高贵而充满想象力的处理时，会将一本书从实用性的工具上升为一件珍贵而不朽之物。”事实上，对于材料与工艺的价值探讨，远远不止局限在书籍设计这样一个狭窄的范围内，整个人类正是通过材料与工艺不断改造着客观世界，使其无限接近我们的理想和信念。站在这样一个新旧媒体交替的时代，坐拥当代如此丰饶的物质基础，设计师没有理由不深入挖掘材料和工艺潜在的设计价值，使其更适应当代的视觉习惯和阅读体验，并通过材料与工艺展现出这个时代设计所应有的多元价值。

《梦想》(thoughts about dreams)一书引用了很多关于梦想的定义，书中的引言由线连接，这些线串联了书的每一页，每条线都与文章中的一个特定关键词相连，它们解释了梦想给人带来的困惑和人性的脆弱。

图6.23

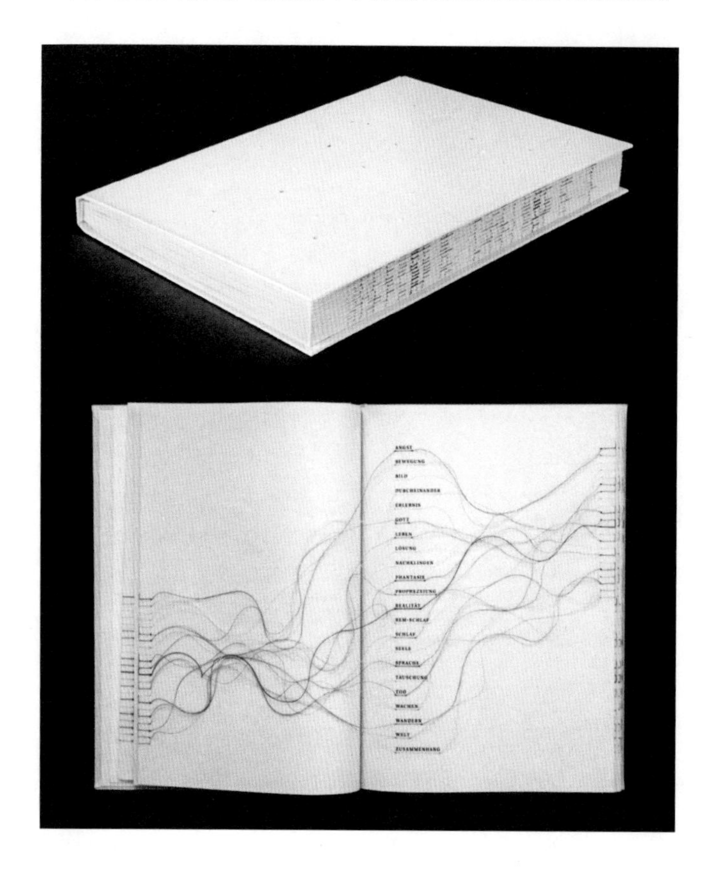

图6.24
图6.25

图6.24 《Trans>6》是一本英语和西班牙语两种语言版本的期刊，内容涉及艺术和媒体设计，其中有一部分页纸是被碎纸机破碎过，当读者轻摇这本期刊的时候，那些自由坠落的细条和碎片会发出声音，打破读者对这本期刊看似普通的看法。

图6.25 这是为《Versus》杂志设计的封皮。该期杂志讲的是平面设计与社会责任感方面的内容。在决定进入平面设计行业工作之前，每一个人对这个行业都有自己完美的想象。但是根据设计者think room 设计工作室的工作经验，实际情形并不像想象的那样简单。因此，设计者在封面上印了一些非常好听和令人振奋的句子，但是用一个小硬币就可以轻而易举的将其划的面目全非，这也是寓意了当前平面设计师所面临的真实情况。

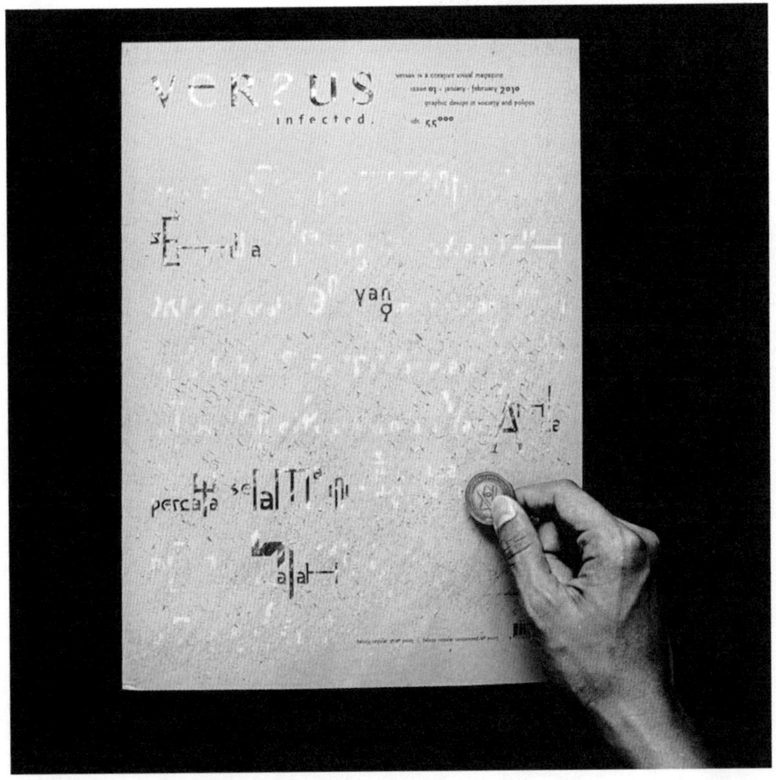

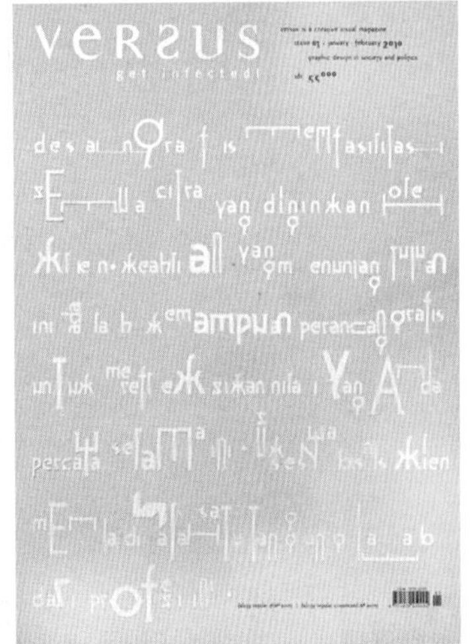

《我的家乡在哪里》
捷克共和国政府组织的一次比赛，主题为捷克的国歌《我的家乡在哪里》。
书的版式颜色以捷克国旗颜色为主，但被调整的更深、更柔和，并进行了梯度混合处理。书的用纸是浅黄色、质地优良的纸——Splendor gel Avorio。该书重量近三公斤，特点是装订独特，封面由色彩渐变地装饰玻璃制成，暗示了玻璃工业是捷克共和国的传统工业之一。函套的材质为气泡塑料，功能上起到保护的作用，同时触感也与众不同。

图6.26

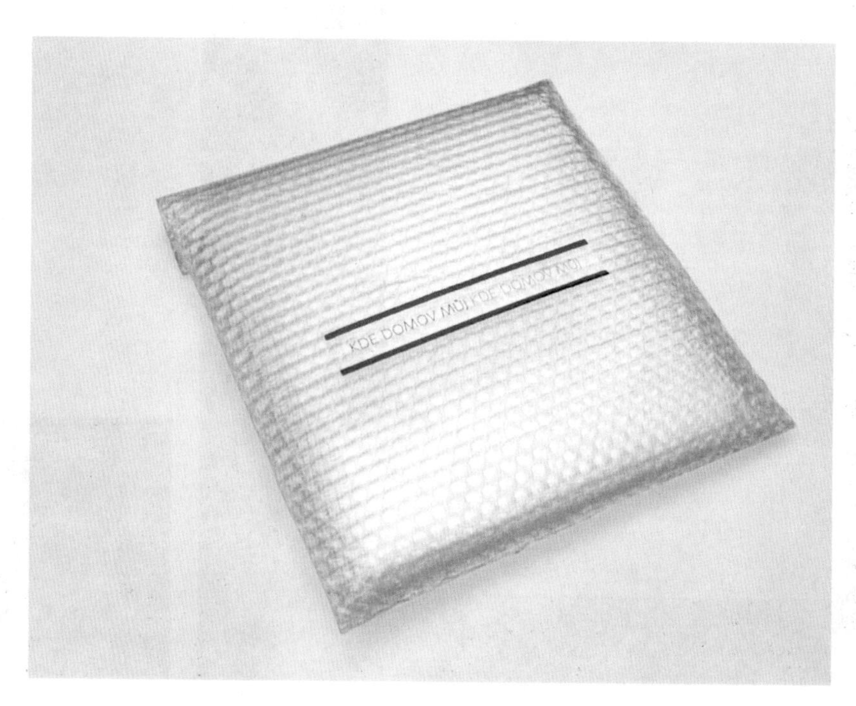

第7章 工作室专题研究课题训练

书籍设计研究
江南大学设计学院视觉传达系“平面设计”工作室

课题研究目的

书籍设计是面向视觉传达设计专业的专业核心课程。书籍设计/Book Design包含了三个层面：书籍装帧/Bookbinding；版式设计/Typography；编辑创意设计/Editorial Design，它是集三位于一体的整体设计。从封面到内文版式、外在造型到信息传达、材质构建到工艺兑现，阅读审美到实用功能等一系列书籍整体设计的创造性运作。

通过工作室专题研究课题，训练学生对书籍设计的整体理解和综合把握能力、构思创意技巧以及材料和印刷技术的了解和掌握。要求学生在尊重中国传统书籍文化的同时，广泛吸纳世界各民族的优秀文化元素，并以书的审美与功能为出发点，充分发挥学生最宝贵的原创力，引导学生明白设计也是为社会大众服务的一种责任。

课题内容

观念的越狱·书籍的立体呈现研究
固态的阅读·书籍的触感研究
时空游走·书籍的情感化研究
触电思考·书籍的新媒体介质研究
设计师的游戏·书籍的前沿性研究
舌尖上的书籍·书籍的味觉研究

7.1课题1 / 观念的越狱·书籍的立体呈现研究

我们曾经以为人与书的关系中，读者是知识信息的被动接受者，但事实上读者才是阅读活动中的主导因素。读者的读书环境以及阅读方式直接影响了书籍的形态。因此，书籍的立体呈现是抓住读者第一感觉——视觉主导因素的关键。

作业要求：从书籍的开本大小、翻阅方式以及装订的特殊形式几个方面入手，对书籍的特殊形态进行研究。打破传统书籍的固有形态观念，结合书籍的内容，赋予书籍全新形态的理念，为书籍进行立体的设计。

作业呈交方式：设计实物及照片，效果图电子文档。
尺寸：210mm×285mm；精度：300dpi；格式：TIFF

作业提示：
1. 以开本的大小、装订的形式为书籍的切入点，表达对书籍内容的全新诠释。
2. 充分考虑书籍的立体特性以及各环节之间的关系。
3. 形式语言的选择要结合书籍的内容以及情感特质。
4. 设计构思做简短的文字说明。

图7.1

《创意城市海牙》Creative City The Hague

该书的出版给读者一个总览项目运行成果的机会。这套书采用了模板化的结构，象征“创意海牙”由海牙的众多创意人士通过共同努力构建的。

全书采用了模切的工艺技术，将书做成拼版的形态，既打破了传统书籍的形态，同时又有很好的互动展示效果，同时它的可拼装功能体现了书籍的主题：通过努力，共同构建。

《造·噪》
这本书所阐述的主题是信息时代的发展以及信息技术给人类所带来的利弊影响。书籍分为两本分册《造》和《噪》。

《造》一共分为四个章节：自然纪；印刷纪；电子纪；网络纪。四个章节以信息技术的发展历史为主线，简述了人类从最初利用自然力量或利用人力传递信息到现今依托网络、电视、报刊等大众传媒的方式进行更广维度上的信息传播，揭示了传播方式的发展以及进步，展示了信息传播技术的发展给人类所带来的便利生活。

《噪》一共分为三个章节：体噪；心噪；此噪彼噪。三个章节讲述的是信息以及相关的信息产物改变了我们的生活，又给我们的身心以及社会形态带来了负面的影响。当今时代,在人们开始意识到发展与生态环境需要平衡的同时，是否也应该思考如何在这个信息爆炸的时代寻得一份心灵上的“生态”平衡。

由于本书为上下两册，彼此之间紧密相连，所以考虑用三角形的开本，既可单独成本，又可两本组合，形式上多样化。

同时结合内容，利用三角形这样的异形开本，可以从视觉上体现书籍内容的尖锐内涵以及对社会热点的特殊关注。

图7.2
设计者：邓心悦
指导老师：朱文涛

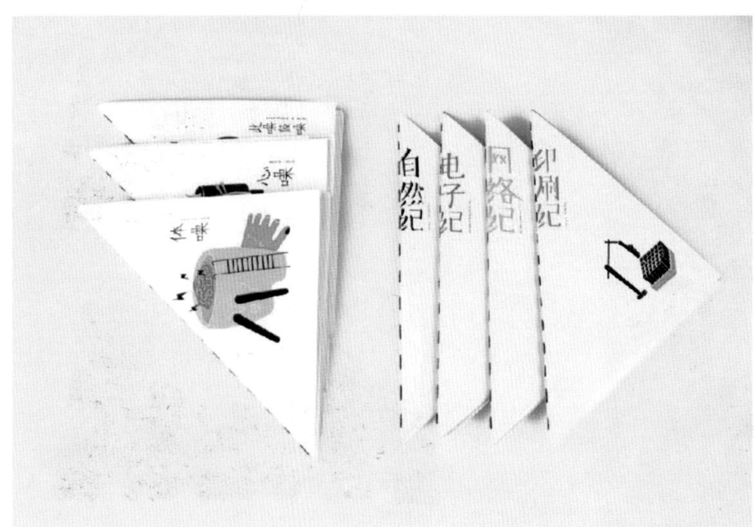

图7.3
设计者：王霜 王雨
指导老师：陈原川

《光阴》

《光阴》从形式到内容全方位地诠释了中国的24个气节，以感性方式表达一个普通中国人对于自己民族曾经的诗意生活和对已经逝去的田园牧歌生活身不能至、心向往之的情感。

在材质上，此书封面采用了半透明材质的纸张，配以重叠效果的书名，充分地体现了“时间”这一概念。

在形式上，全书围绕传统日历的形式做设计，首先在开本上，以方形的小开本出现，体现日历的感觉。其次，改变了书的开本方向，由于书籍的内容也是围绕日历的形式，所以现在的开本方向更加契合这本书的阅读方式。

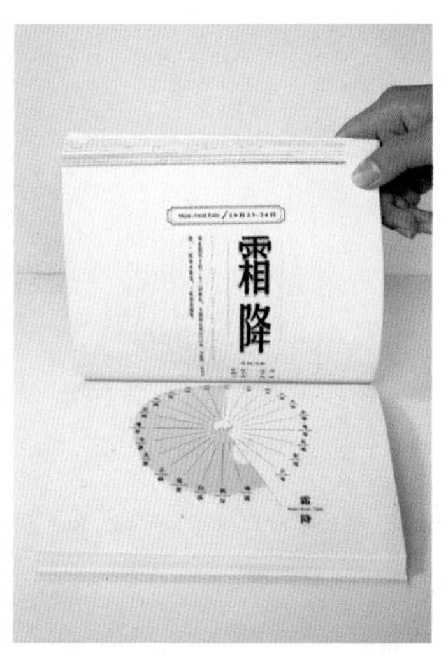

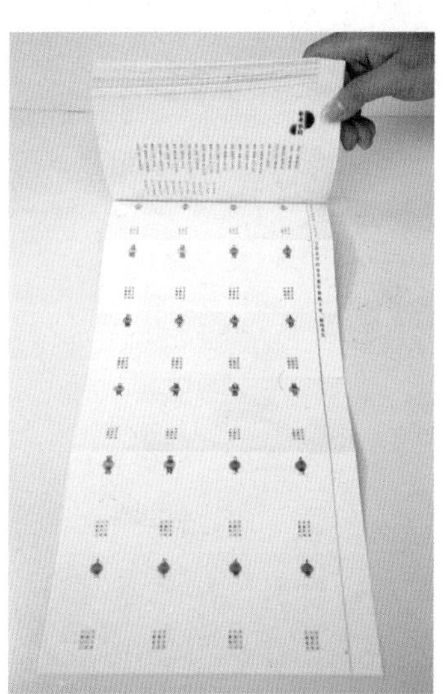

《五十三次浮世。浮世绘》

《五十三次浮世·浮世绘》是浮世绘画师歌川广重的名作之一，描绘日本旧时由江户至京都所经过的53个宿场（驿站）——“东海道五十三次”各宿景色。该系列画作包含起点的江户和终点的京都，共有53景。不过有些景色并不完全写实，而是作者发挥了自己的想象。

针对这本书的内容，设计者把书籍开本设定为140mm×350mm，装帧为经折装，考虑到这本书是以画册的方式出现，除需要单页以外，更需要多页的展示效果，经折装的形式能够更好地展示这本书的内容，可以完全打开让多页甚至是全书在一个平面同时展示。然后配上腰封，腰封上印有五十三个驿站的地图与页码，起到目录的作用。

整本书每一幅画就是一个地点，这就构成了整本书的书名《五十三次浮世·浮世绘》。设计点定为用足迹贯穿整本书。

这本书是画师在经过53个驿站所留下的作品。书的右边切口是不规则的形态，这个形态来自于书中画的所在地形成的地图形态。整本打开可以看到完整的地图形态，通过视觉的效果，将这本书的特征很好地呈现出来。

这本书选用了日系传统色“蒸栗”为底色，书名留白，印在特种纸上，有绵软如布、精致如缎的感觉。书名字体依然运用隐藏横笔画的设计，再加上精致小块的英文字体的点缀，整本书的高品质得到了很好的体现。

图7.4
设计者：荆雪皎 周圆
指导老师：姜靓

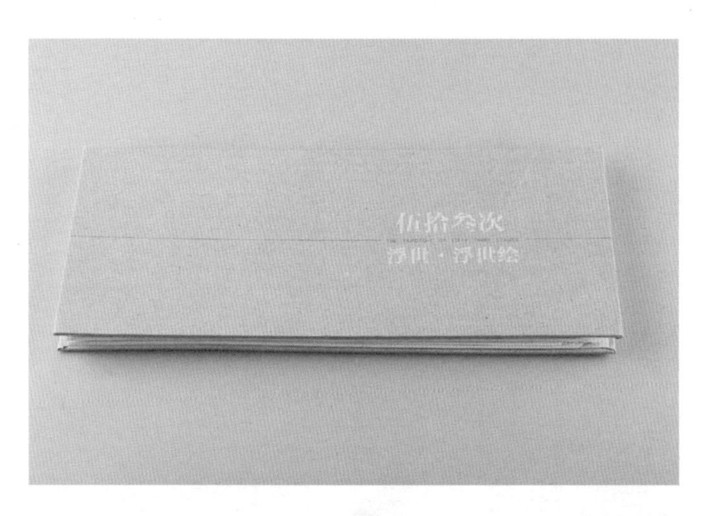

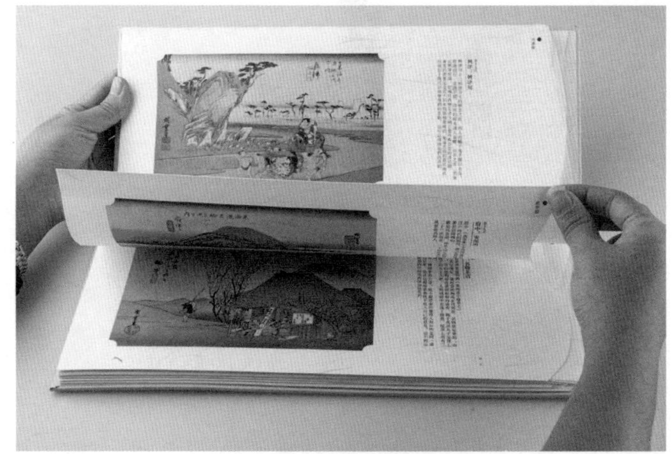

图7.5
设计者：赵宛青
指导老师：王俊

《西园寺》
中国的佛教文化博大精深，设计者出于对佛教文化的认知和“充满丰富文化内涵的对象应该拥有与之对应的设计表述”的态度开始了这个课题。同时也出于佛教文化本身的深度与丰富度，选择了苏州的《西园寺》作为设计对象。

苏州《西园寺》别名戒幢律寺，俗称西园，距今已有七百年的历史。现存建筑为清代重建，寺内五百罗汉堂为中国四大罗汉堂之一。先后修建了大雄宝殿、观音殿、罗汉堂、天王殿、放生池及安僧的配套设施，西园寺还珍藏着六万多册古版经书。

宣传册的设计从寺院本身的特点和实际情况展开，无论是纸质的宣传物品还是相关产品的包装，都力求给予观者质朴、真诚、厚重的视觉感。

宣传册选用骑马钉方式，封底加长的做法展示了封面图片的效果，并与全册的文字在形式上十分融合。

《Travel Light》
好胆就走，脱队万岁。背上行囊，给自己一个流浪的机会，远离习惯的生活，流浪把我们送上与自己独处的道路。流浪很辛苦，但流浪让我们认识自己。

《Travel light》穷游指南是为青年旅店前台设置的手拎书，可在青年旅社前台取阅，手拎处的设计也方便将其拎回房间或交流区继续阅读，使其成为一套在青旅内部自由流动的漂流杂志。方便穷游者规划他们的旅程，增进人们的交流。

设计者还为穷游者设计了方便的口袋书，口袋书主要以地图和一些相关旅游信息为主，考虑到穷游者在旅游时需要不断翻阅此书，故选用了布类材质，避免了纸质材质多次翻阅造成的易破损缺陷。

此外设计师还考虑了线上的App及电子书的设计。

图7.6
设计者：于洁
指导老师：魏洁 崔华春 姜靓

Travel
light
Travel
light
Travel
light

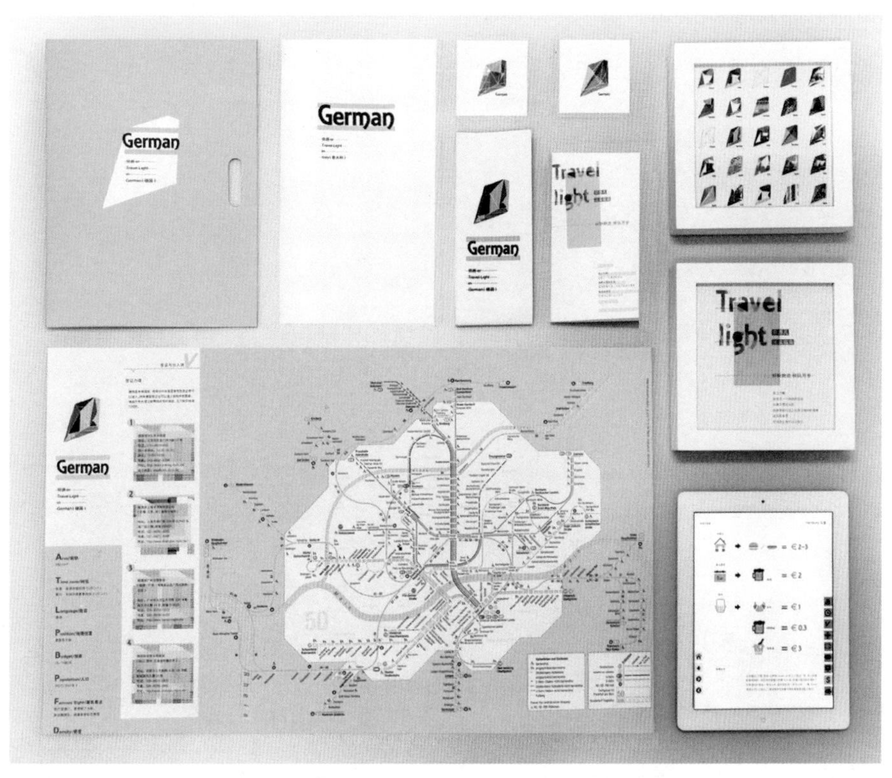
German
German
German
Travel
light
Travel
light
German

7.2课题2 / 固态的阅读・书籍的触感研究

材料的硬挺、柔软、粗糙、细腻等一系列的感觉，都能唤起读者对书籍的全新认识，使得书籍内容更准确、更完善的被诠释。如今，随着现代科技的不断发展，材料以及工艺的不断更新、拓展，可被设计师利用的素材多之又多，我们需要打破常规的印刷工艺以及普通材料的局限。在这基础上，结合书籍的内容与情感的诠释方向，更好地运用现代工艺和新兴材料，把设计的语言表现得更丰富，把设计的目的诠释的更加形象、更加到位。设计师为了充分表达向读者传达的信息, 还可以讲一个有趣的故事。设计作品的实物特征或者说触觉特性是书籍设计师讲故事时的极好媒介。

作业要求：从书籍的印刷工艺、纸质及其他材质的形式几个方面入手，对书籍的视觉以及触觉进行研究。打破传统书籍的固有形式观念，结合书籍的内容以传递的情感，赋予书籍特殊的感觉，为书籍进行立体的设计。

作业呈交方式：设计实物及照片，效果图电子文档。
尺寸：210mm×285mm；精度：300dpi；格式：TIFF

作业提示：
1. 以印刷工艺、纸质材料以及其他特殊材质为书籍的切入点，表达对书籍内容的固态诠释。
2. 充分考虑书籍的触感特性。
3. 设计语言的选择要结合书籍的内容以及情感特质。
4. 设计构思做简短的文字说明。

图7.7

翻开《朱熹千字文》，遒劲、粗犷的字迹仿佛从纸上立起来，镶嵌入一个古老的石碑，似乎让人感觉到当年篆刻人手上的力度。这是吕敬人在设计此书时，刻意寻找的感觉：“《朱熹千字文》原来是刻在石板上的，有一种刀劈斧斫的感觉，我希望人们能从设计中体会到这种力度，触摸到它的纹路。”

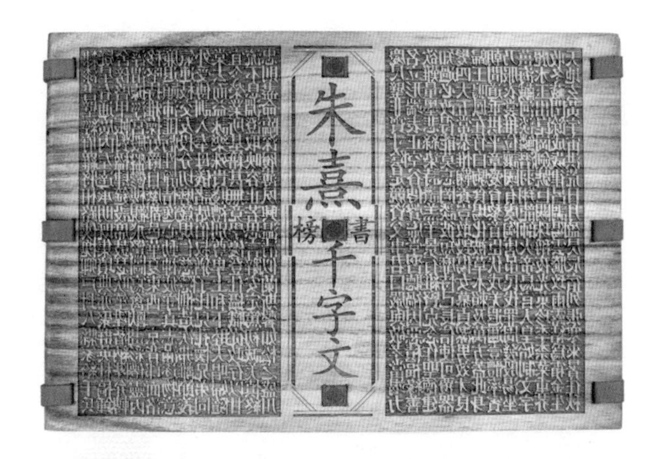

《一切始于设计：一个设计师的世博十日手记》见证历史与充满发现的十天，原创设计的“特别奖”，未来百年梦想，回收本届世博会最优秀场馆德国馆的建筑膜材料融入书籍设计并开发出特别的功能。

为了从世博经典概念、景观、场馆、展品及独特形态出发，揭示人类伟大设计创造的生命力之所在，作者大胆设想，将优秀场馆建筑的专有生态设计材料直接融合到书籍形态中，建构了一座捧在手上的特别场馆，让世博精神和本书主题在读者的触摸体验中得到传播。

图7.8

图7.9
设计者：刘延潇
指导老师：陈原川

《揭字》
揭字，通过揭的方式表现字体的变化。在一个字体的基础上，用不同的方式揭去各个部分，使字体发生变化，从而使其变成其他不同的字体。同时使得同一套字体之间有一定的联系性。其形式多样，使得字体充满各种未知数的变化和意想不到的效果。

此书为了充分体现“揭字”的含义，选用透明材质的塑料材料，围绕动态的“揭”。充分地将叠加的形式通过材料表现出来。当读者一页一页地翻阅时，也就意味着一层一层的揭开作者的心声，一层一层地揭开设计师的思考，一层一层地揭开读者的答案！

《元气糖》

《元气糖》专栏作家、食评家殳俏自称“美食工作者”和“煮妇”，是最好吃的女人、最会吃的作家、最吃不胖的美食家。殳俏的吃，机智、俏皮、幽默与生动，完全没有中国传统文人系美食家的酸腐和怀旧，她其实写的是各种各样的爱……爱做菜、爱下厨。说到底，爱美食就是爱生活，爱吃就是爱生命。《元气糖》收录了71篇与美食相关的奇闻轶事。殳俏的文风俏皮轻松，文章内容趣味盎然，读者受众面广。

在封面材质上，设计者进行了新材料的探索。采用透明充气包作为封面，材料是TPU薄膜结合PVC薄板。为了配合“元气”这一热闹又有活力的主题，在充气包里加入了可摇动的彩色圆片，材料是不干胶透明薄膜和pvc板。

在结构上，考虑到《元气糖》的无章节、无剧情限制的特殊性，同时也为了增加阅读的便利性，设计时选择了目录外置。在阅读过程中，无论是停留在书中哪一页，都可以随时抽取目录进行文章选择，不需再翻到前页寻找目录。

在内页版式上，为了展示《元气糖》休闲自由的风格，设计者极力追求简洁、简约而不简单的视觉效果。以放松的淡蓝色为主色调，采用大量留白、偏侧的排版方式，页码采用特殊的3段式编排，丰富版面，标注更是大胆地以突出放大式方框呈现。在目录文字的编排上也突破平常，以颜色区分，分段式排版。

图7.10
设计者：徐子雯 曾瑜
指导老师：姜靓

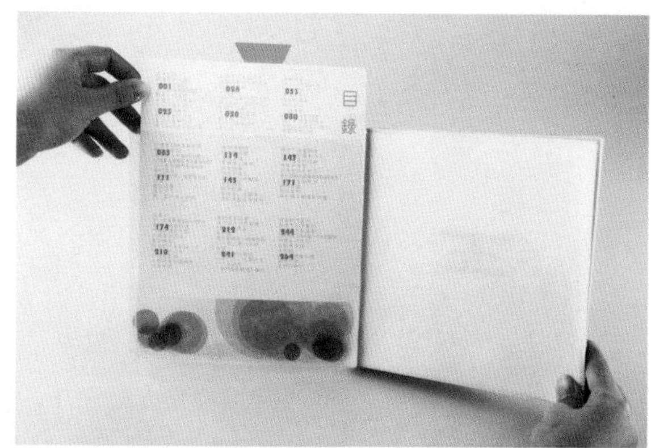

图7.11
设计者：罗晓晨 孙侨
指导老师：姜靓

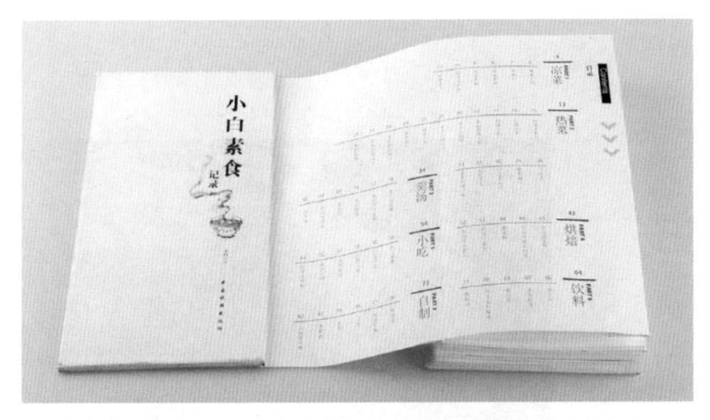

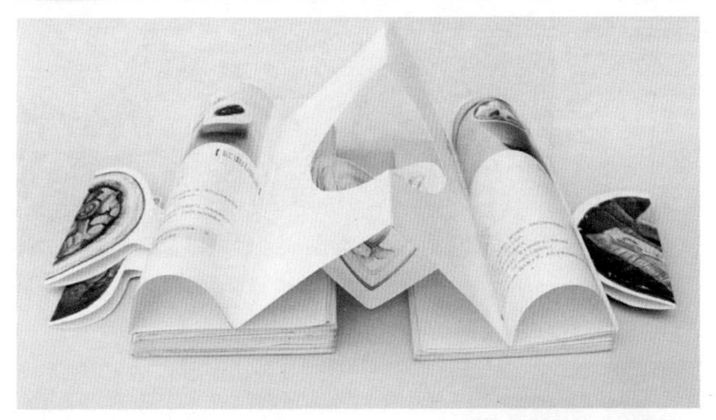

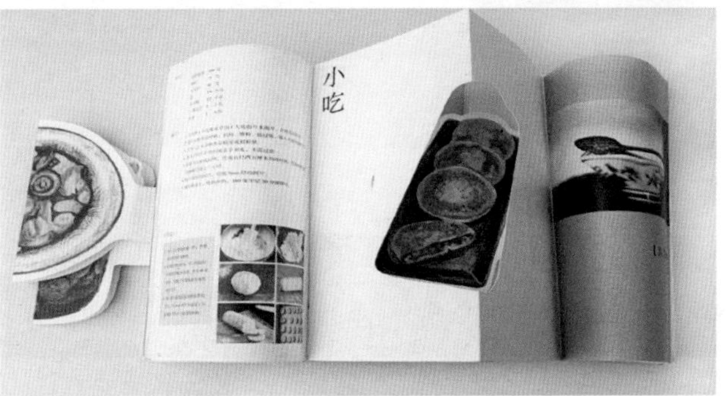

《小白素食记录》

《小白素食记录》详解小白私家菜品的制作方法，涉及食材的选购、制作的窍门、营养的摄取等方面。除了为读者介绍菜品的制作，小白更推行健康的生活方式，引导大家利用家里的小阳台种植香草及蔬菜，通过随手之劳，创造更美好的生活。书籍设计选择素食食谱——《小白素食记录》，设计者的目的是希望通过设计让素食生活的理念变得可行。

开本设计：

1. 为了节约成本，制作工艺从最初的圆形餐盘状开本改为现今的长形折页形式。

2. 为了充分利用纸张，减少浪费，经过测量最终选择了130mmX250mm的内页大小，这样在一张A3纸上可以满打3页，并且也减少了最终的折页粘和频率。

材料设计：

1. 蒙肯145g：泛黄雅致，贴合素食的理念。厚度适中，适合封面。

2. 新时尚145g：色彩淡雅，厚度适中，适合内页，便于折页粘合，

3. 玲珑白280g：较厚，适合立体折页——章节里面及手绘图形。

图7.12
设计者：马小雯
指导老师：姜靓

《花间十六声》
当今时代，电子书的功能虽然被广泛使用，但我们仍然不能舍弃纸质书籍，是因为他有着电子书所没有的触感。《花间十六声》这本书的设计，充分发挥了书籍设计的优势，在作者与读者之间建立了一个良好的联系，在书籍与读者之间建立了互动的关系。当然，这样的关系是充分建立在书籍所要传达的内容之上。

《花间十六声》是以《花间集》和部分晚唐、五代、宋代诗词中描写的十六种物件如屏风、枕头、梳子、口脂等为线索和底本，以当时的造型艺术为参照，深入、充分、兴味盎然地探究与考证一千多年前中国女性生活的种种细节，以描写“无所事事”但在静态画面下潜伏着别样心态的女性为主，例如难以言表的痛苦、失望和思念。整本书总是带着一种安静的美感，例如低头默默拨弄香灰，或是细细研磨画眉的青黛。全书总体的感情基调为“细腻”，“温润”。

首先，全书运用了青瓷的温润色调，同时附赠一张CD，内容为琵琶曲。书籍的内容为古人的生活但用词却很现代，所以琵琶曲的选择也是传统乐器与流行乐的结合，并选用特种纸张。

本书采用了蝴蝶装加线装的装订方式，最后在书脊处刷上了一层透明的胶，增加了蝴蝶装书的牢固性。

本书还运用了特殊的油墨印刷，感温油墨能够感受人体的正常手温，并发生颜色的变化。当读者触摸到这本书的时候，就会留下一丝痕迹，这种痕迹不但留在书上，同时留在读者的心里。

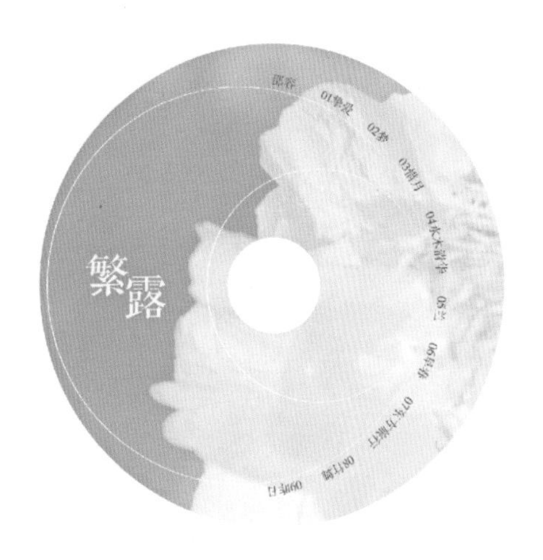

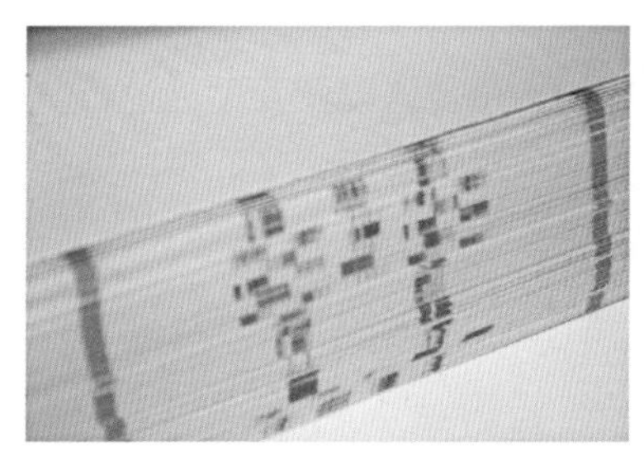

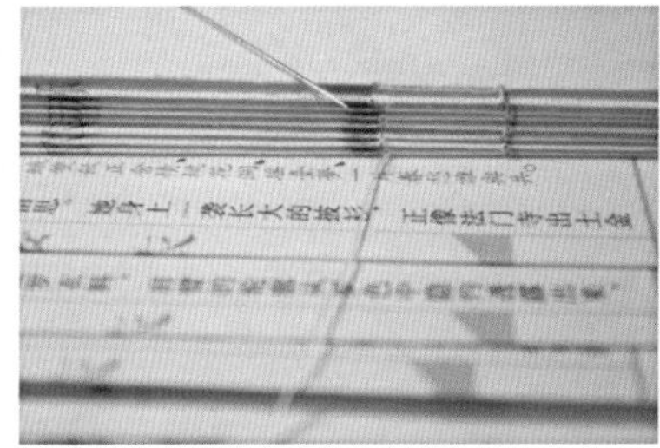

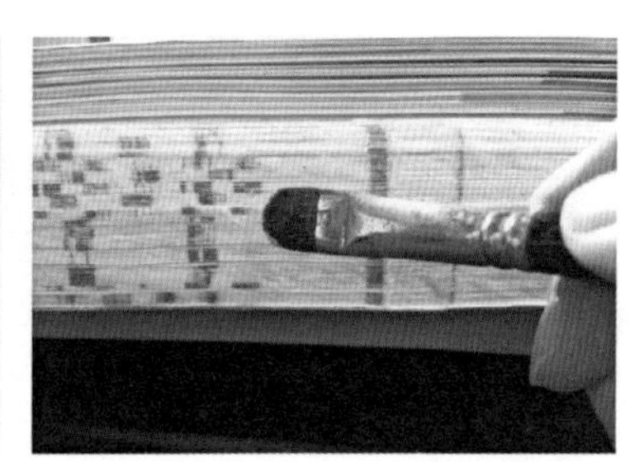

花间十六辞

7.3课题3 / 时空游走 · 书籍的情感化研究

书籍是捧在手里的立体物，随着书本的一页页翻动，此间产生了时间的流动；从封面到封底，从环衬到扉页再到内文，在读者的视线下，书籍不断变换着空间关系。可以说，书籍是静动相融，兼具时间与空间的艺术。我们要把握住每一分钟书籍的变化过程，把握住书籍每一个时空中的变化，引导读者产生情绪的共鸣，记忆的再现以及互动的积极性，从而将书籍推向一个全新的设计层面。

作业要求：从书籍的空间呈现以及时间的变化两个方面入手，对书籍的情感传达以及互动性进行研究。运用丰富的设计语言，打破传统书籍的固有形式，从情感化入手，唤起人们的记忆、情绪等。让读者在时空中任意的畅游。

作业呈交方式：设计实物及照片，效果图电子文档。
尺寸：210mm×285mm；精度：300dpi；格式：TIFF

作业提示：
1. 以情感化及互动为书籍的切入点，表达对书籍内容的情感诠释。
2. 充分考虑书籍的时空特性。
3. 形式语言的选择要结合书籍的内容以及情感特质。
4. 设计构思做简短的文字说明。

图7.13

《香港遗产的再发现》是Toby Ng设计工作室的设计作品。这个署名的红蓝白条塑料袋中介绍了有关香港历史的普通人物、地点和遗迹。再回收报纸的有效利用巧妙地为整个设计增添了自然之美。

《手中的彩虹》(Rainbow in Your Hand)这本动画书由36张黑色的页面组成，每页上都印有七色彩虹色框。这本简单的书在读者的手里会呈现一种魔幻的效果——翻动时书中的残影会呈现出彩虹的效果。拥有这本书你就可以随时随地持有彩虹！这本书荣获了2008年度纽约ADC银奖（NY ADC Silver Cube)。

图7.14

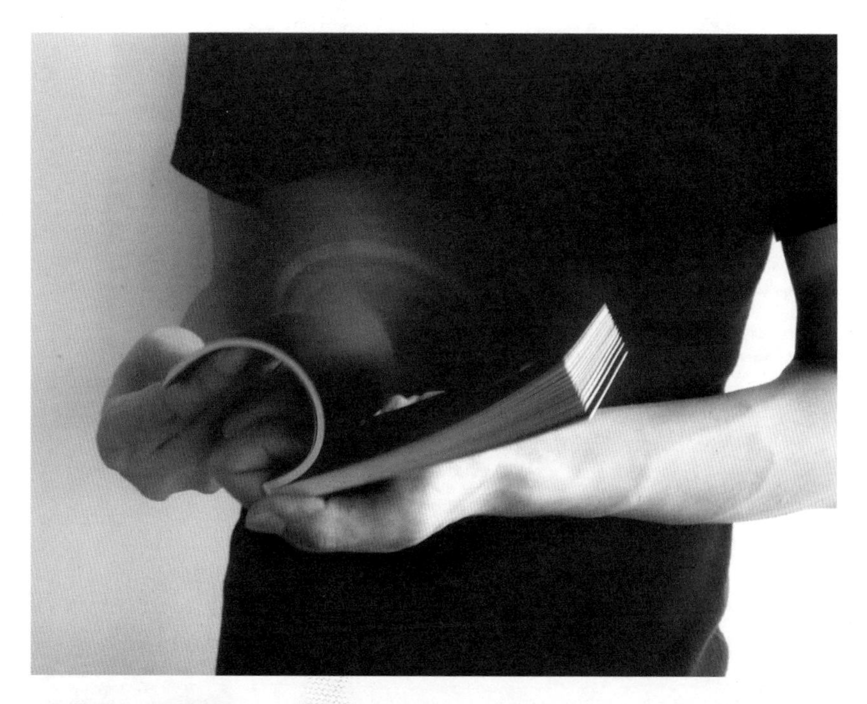

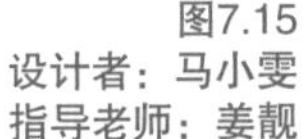
图7.15
设计者：马小雯
指导老师：姜靓

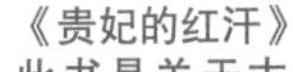
《贵妃的红汗》

此书是关于古代妇女化妆品、护肤品材料，妆容等的随笔集。作者的初衷是便于现代女性重新体会古代妆品。书中大量引用了古籍中的配方，描述古代化妆品如何从大自然中提取天然的原料，加工制成“口脂”、“香发木樨油”等生活中不可或缺的物品。这些物品的名称对于现代人来说，可能比较陌生，但其实至今我们仍在使用，只不过添加了现代的工业制品，叫法不再一样。

由于这是一本记载普通生活用品的配方书，所以设计者采用了线装的方式，这种装订方式更朴素，也更平易近人。

书的开本比较小，是为了方便人们携带。如果想依照配方自己动手尝试，便可以沿着易撕线将配方撕下，去药店配材料。撕下后也不会影响书的阅读。

本书的设计充分围绕着“红汗”二字。所谓贵妃的红汗，说的是杨贵妃喜欢全身都擦上一层淡红色的粉，看起来十分诱人，但这个胖美人实在太容易出汗，于是身上的红粉便混合着汗水流淌下来。本书以“流淌”为主线，以晕染为主要表现手法，为了表现皮肤透气白皙，但又能隐隐看到红色的妆粉这一感觉。同时，设计者在封面的材质选择上也充分地体现了这一感觉。

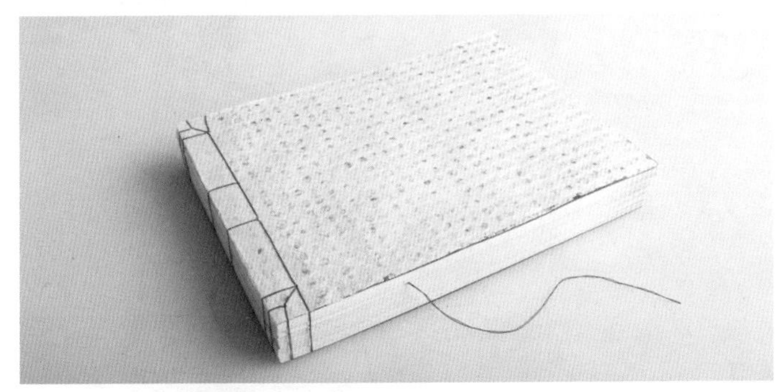

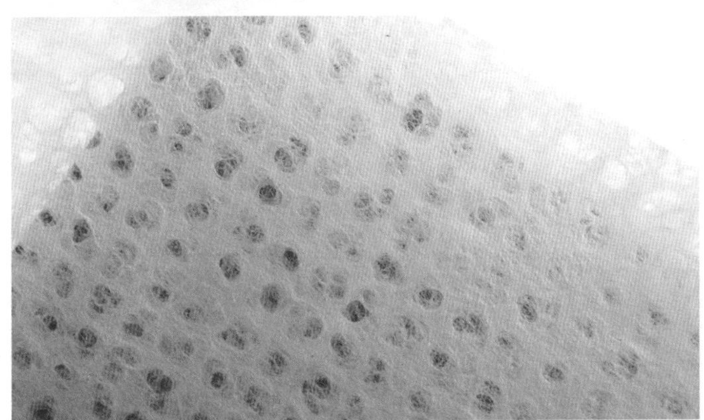

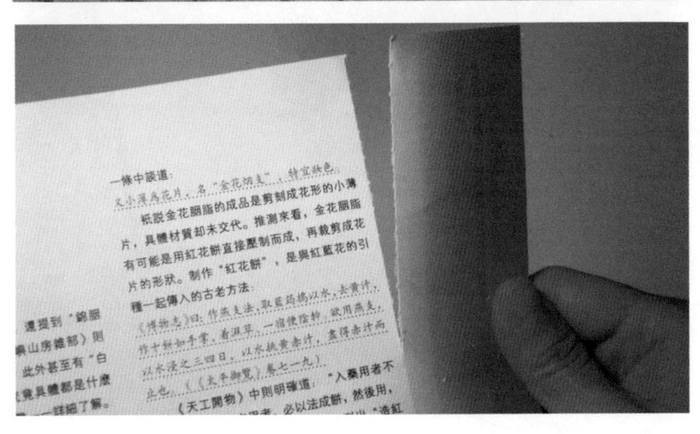

《北岛》
诗人北岛的诗歌创作开始于“十年动乱”后期，反映了从迷惘到觉醒的一代青年的心声，“十年动乱”的现实造成了诗人独特的“冷抒情”的方式——出奇的冷静和深刻的思辨性。北岛的诗既具有批判精神，情感上也是比较激烈的，还有着简约而精美的形式，丰富而深刻的内涵，缜密而统一的风格。

根据作者的冷抒情方式和诗集的激烈情感，设计者巧妙地运用颜色来诠释这种鲜明的个性。为此，通篇采用白色，翻开诗集看到的是简洁的版式，没有一丝的多余，透露着作者的冷静及深刻的思辨性。

内页采用了一种比较特殊的形式——包背装。让读者去撕开包背装的方式达到读者与书的互动，包背装里面让读者可以随时记下自己的感受或心情。更吸引人的是，撕开后的满版红色，通过颜色和互动的方式，在时空的角度诠释给读者看到了冷酷下的热情。

包背装的右上角隔开一个三角形的缺口来引导读者撕开包背装，刚好露出红色的三角形，也使得版面不会太单调。

图7.16
设计者：温清格 王子倩
指导教师：姜靓

图7.17
设计者：翟洁云 彭程
指导老师：陈原川

《信和信封》
该书描述的是一个德国音乐家和中国女友的相识、相恋与相知的故事。而记录这段感情的不仅仅是文字，更是一张张手工制作风格各异的信封。

全书围绕“信”和“信封”两个元素进行设计。从封面的信封形式，到内文的信的感觉。书中还有很多特殊的结构，增加了互动的趣味，使得书籍的整体形式更加丰富。

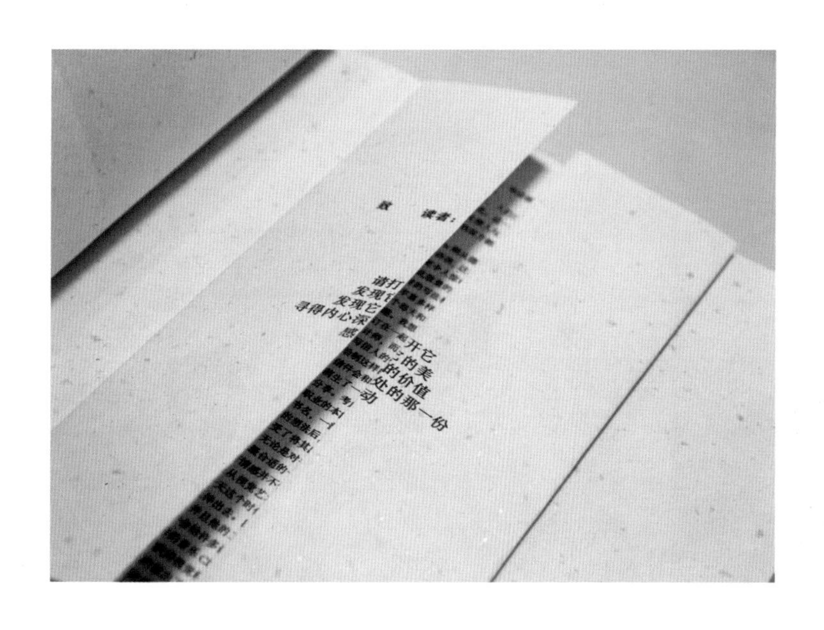

7.4课题4 / 触电思考 · 书籍的新媒体介质研究

电子信息时代的到来，无形之中对传统纸质书籍有着很大的影响。本书讲的触点思考，并不是讲的普通意义上的电子书，而是结合新媒体技术的手段，让传统纸质的书籍变得更加生动有趣，从而更准确地诠释书籍的内容，扩大信息宣传的范围。

作业要求：从科技手段入手，对书籍的新媒体介质进行研究。运用带有前沿性尝试的方法，结合书籍的功能，利用科技的手段，扩大书籍的信息范围，让读者享受传统纸质书籍所不能带来的新体验。

作业呈交方式：设计实物及照片，效果图电子文档。
尺寸：210mm×285mm；精度：300dpi；格式：TIFF

作业提示：
1. 以新媒体介质为切入点，利用科技手段，丰富书籍形式。
2. 充分考虑书籍的介质形式。
3. 形式语言的选择要结合书籍的内容以及情感特质。
4. 设计构思做简短的文字说明。

《非典型的：排版尺寸》一书介绍了排版的一些基础知识，并说明了一个特别的排版方法，你必须带上3D眼镜才能阅读该书。由于三维的存在，图像变得更加引人注目。本书的目标读者是那些想对排版有一些新的、实验性认识的人。

图7.18

图7.19

《Elektrobiblioteka》是一本在实验室完成的书籍设计。
通过USB把书本和电脑连接在一起，再利用网站上的 javascript代码将书上的内容在电脑上展示，从而体验另类的阅读。书内装载了专门设计的电路，只要接触就可以在电脑上获取书上内容，当使用者在翻手中的书本时，屏幕上显示的书也将同步翻页，甚至不需要操作你的电脑桌面，因为它是通过与专用程序的互动实现的。

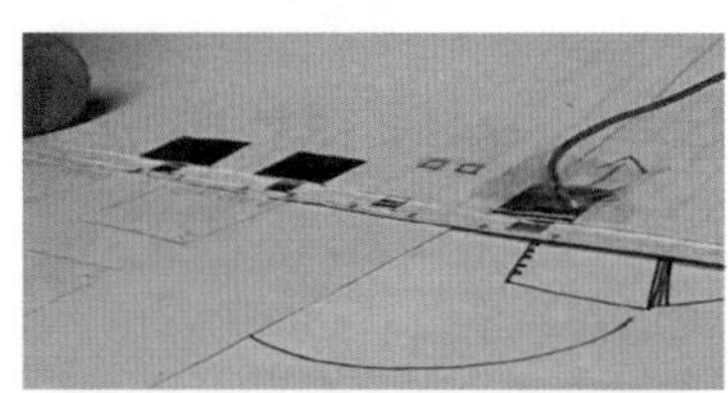

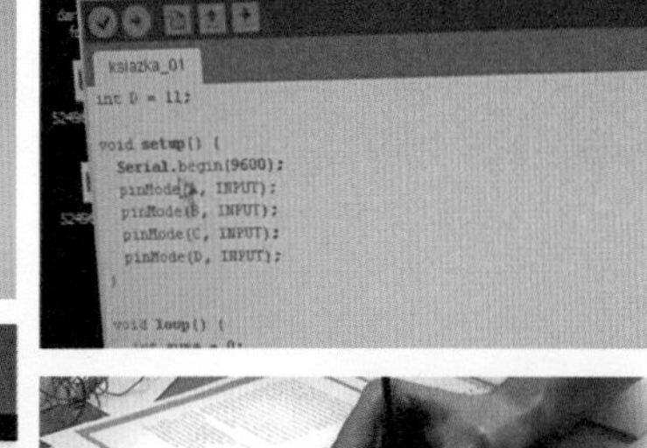

《潘金莲的发型》
此书分为四个部分，分别是服饰、饮食、起居和鉴赏。作者孟晖对古代的名物、生活细节怀着深深温情，以清丽的文笔、幽微的心思，挖掘意趣、渲染喜悦、旁征博引、乱花迷眼，又每每能以小见大。书中另附有大量精美的彩图，使之更臻完美。细细读过后，发现这本书描写的，可以算是“古代奢侈品”。如用金线编制而成的华服，或是精美但稀少的玻璃珠帘，大部分都是皇家或贵族的家用品，但都十分讲究品位，艳而不俗。古人的创新能力在此得到了发挥，精湛的技艺在今天来说，都是十分难得的。

书中多次提到佛教思想以及佛学经典，于是在这本书中采用了经折装的方式。

为了体现作者在书中的那些浪漫的元素，设计师做了大胆的尝试，将吸铁石融入湘妃竹，再用湘妃竹作为握书的手柄，这样在看书时，两根竹子便能吸在一起，观者只需翻动页面即可。

书中的图片非常多，但篇幅有限，考虑到读者在阅读此书时，常要一边看书一边上网搜索图片资料。为了方便读者更好地了解书中的事物，便将每张图片对应的详细介绍设计进二维码，读者只需用手机扫描，便可边看书边了解插图信息，既保留了书的简洁，也更好地利用高科技手段为设计服务。

图7.20
设计者：马小雯
指导老师：姜靓

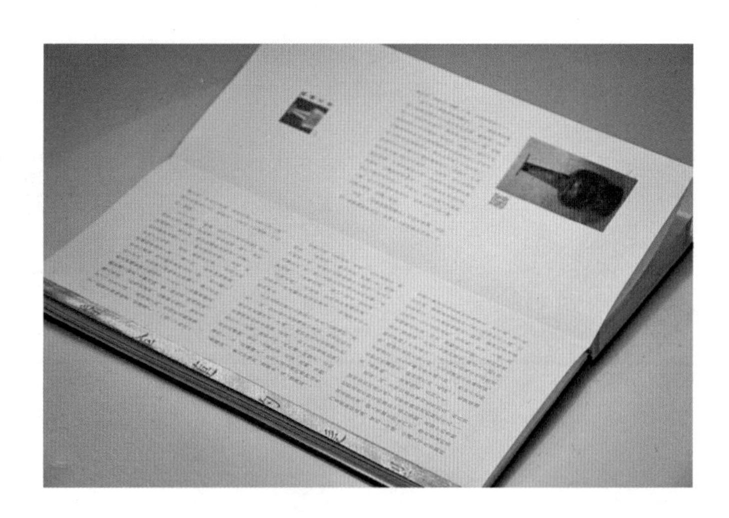

手里金鹦鹉，
胸前绣凤凰。
偷眼暗形相，
不如从嫁与，
作鸳鸯。

7.5课题5 / 设计师的游戏 · 书籍的前沿性研究

作业要求：从游戏入手，抛开传统的表现形式，对书籍进行前沿性尝试。结合书籍的功能，利用设计的丰富手段，扩大书籍的信息范围，让读者享受文字内容以外设计所带来的新体验。

作业呈交方式：设计实物及照片，效果图电子文档。
尺寸：210mm × 285mm；精度：300dpi；格式：TIFF

作业提示：

1. 以趣味为切入点，利用平面设计手段，丰富书籍信息传递的多样性。
2. 充分考虑书籍的信息传递形式。
3. 形式语言的选择要结合书籍的内容以及情感特质。
4. 设计构思做简短的文字说明。

本书为朱赢椿自作诗集，收录数十首以视觉画面传达构成，只有设计师才能完成的新感觉诗歌。设计师将诗歌用设计的手法制作展现，呈现出画面上的诗意感觉，力图在设计的克制和约束中实现创意，用廉价的纸、单纯的字，得以最大限度地展现生活中的会心一笑。

图7.21

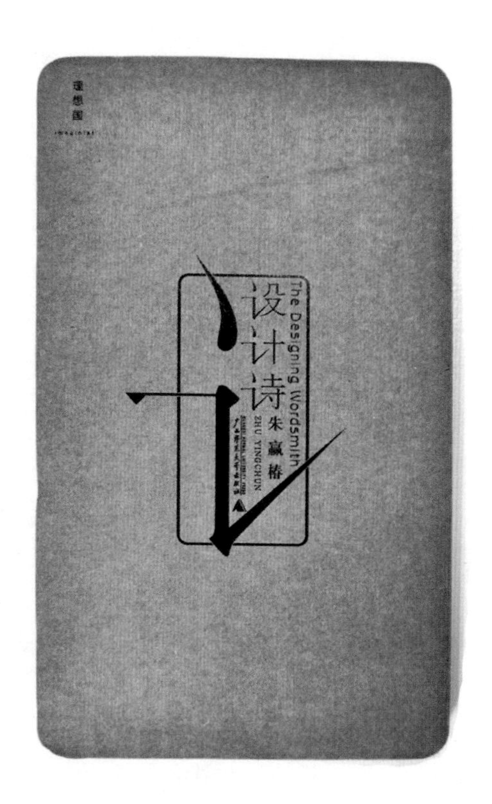

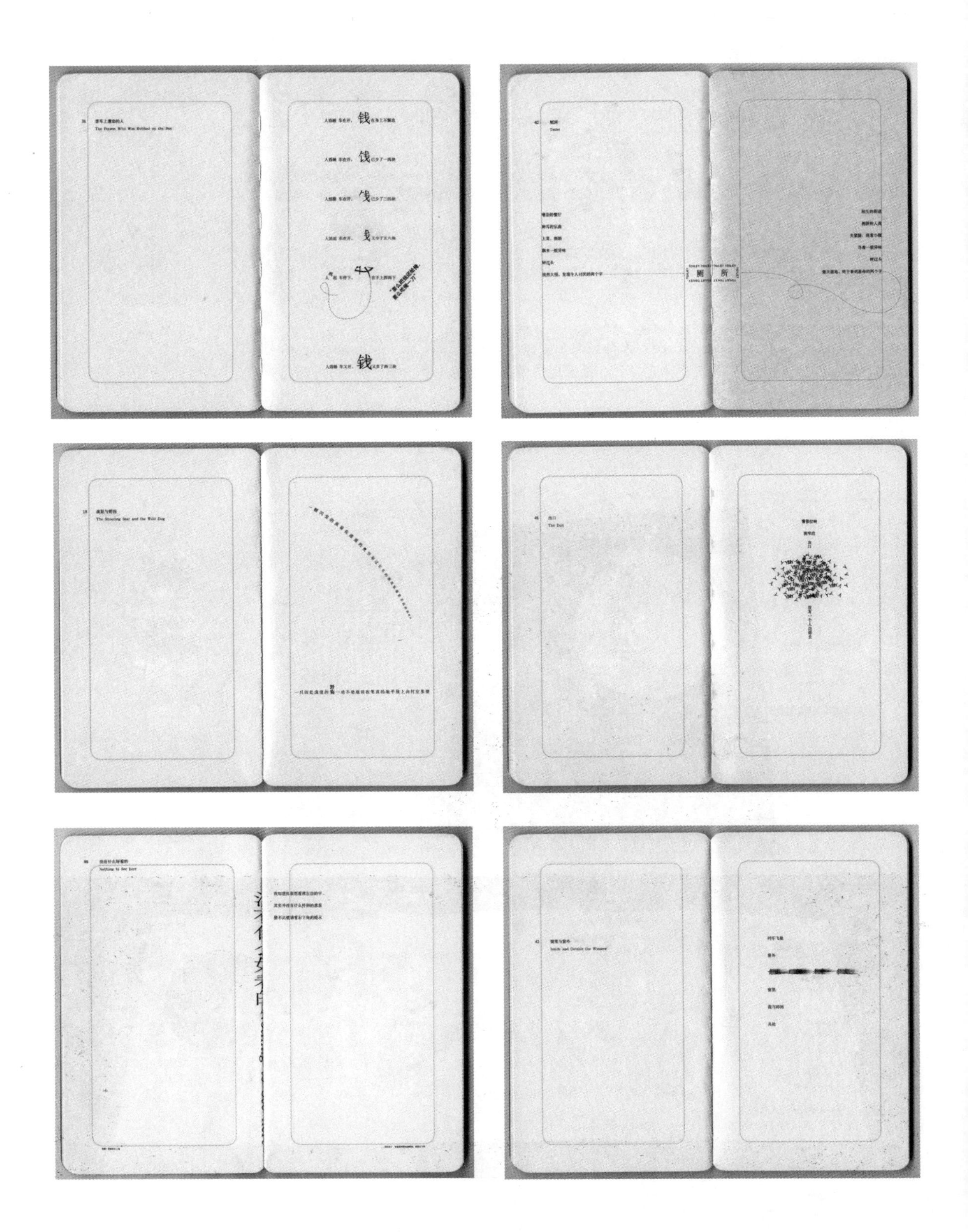

《蚁呓》
这是一本实验性的图书。小时候我们都会拿着放大镜蹲在地上看蚂蚁，关于蚂蚁的记忆碎片有很多也很有趣，写起来，或许能写成一部童年的顽皮史。《蚁呓》这本书以一幅幅图片来刻画和叙述一只小小蚂蚁的丰富而简单的“人生轨迹”，记录它的寻找、奋斗、迷茫、孤单的种种镜头。翻阅完毕，让人感觉不是蚂蚁的呓语，而是人的轻吟与呼喊。

设计者想通过设计，以一个轻松的方式来呈现本书。所以整本书注重有趣、玩味，模仿自然蚁洞和虫蛀纸张的洞贯穿整书，并与图形文字产生互动，增加书的趣味性，唯美而特别，尝试新的阅读方式。

在开本上，为了充分利用纸张，选择了210mmX210mm的大小。读者在阅读的同时可透过封面的放大镜看图和文字，达到读者与书的互动。为了在阅读时能方便使用这一放大镜，封面采用三折的方式。

全书文字图形化，仿蚂蚁的形态沿洞走过，文字与洞形成互动。为了充分表达文字与图的互动，图片采用手绘的方式，图和洞精心安排，以图形创意创作方式，更增加趣味和激发读者的想象力。

本书在定方案时反反复复经过很多次的否定又重拾，最后回到最初的想法，但其中的反反复复不是无意义的，相反，让我们一步又一步地完善充实了这本书。本书从理想到现实的变化，最后在读者的阅读里，又产生千变万化。设计者仿佛正禀赋着一种力量，通过自己的身心才智准确地表达，使得世界有更多的可能。

图7.22
设计者：贺素芝 / 邓羚
指导老师：陈原川 / 姜靓

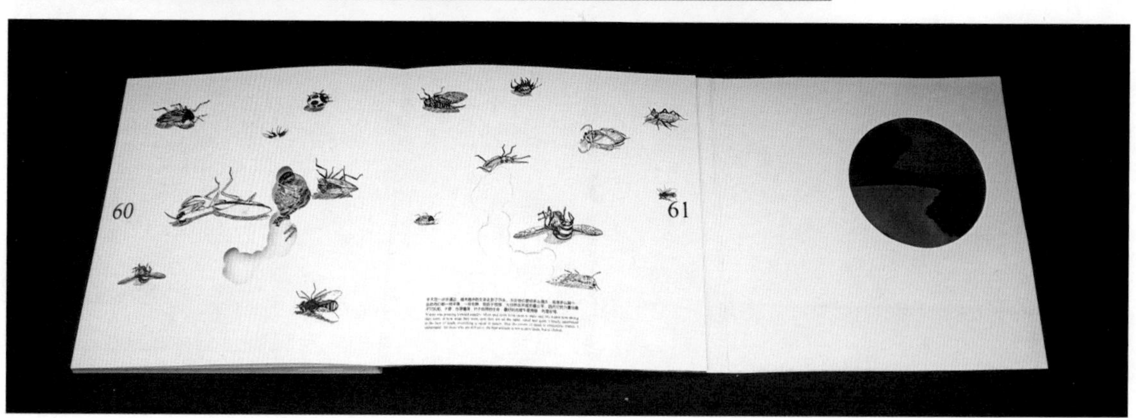

蚁呓
32

23

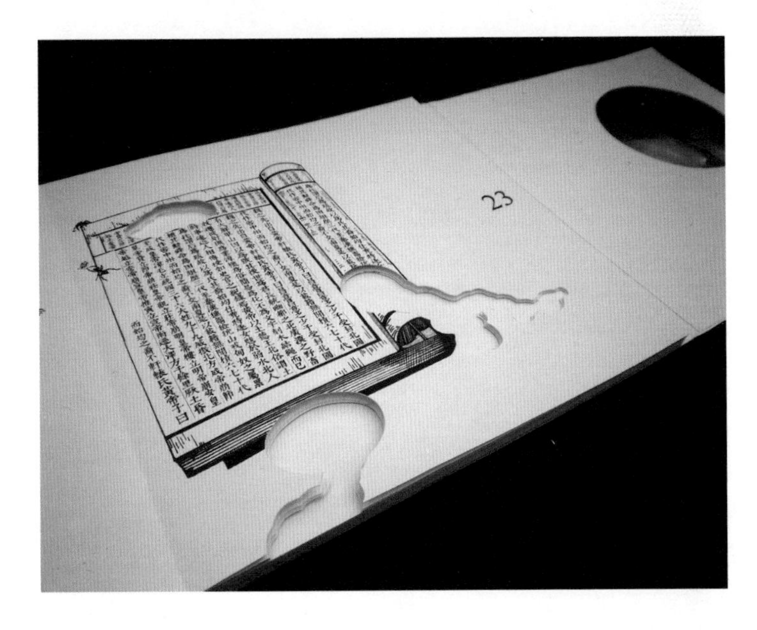
23

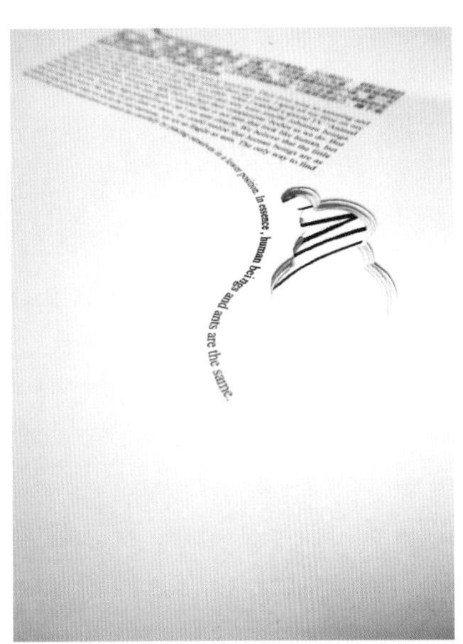
In essence, human beings and ants are the same.

7.6课题6 / 舌尖上的书籍·书籍的味觉研究

书籍发展到今天，除了语言文字维持着自己的作用外，视觉的、触感的、嗅觉的、听觉的乃至味觉的传播媒体接踵而来。完美的书籍设计是需要五感的完美体现。通过对感官的研究，尤其是味觉的研究，不但从视觉上让人形成味觉的联想，更有利用味道传递的情感进行实验性尝试，使得书籍的形式及传递的意义更加丰富，以达到感官与思维上的满足。

作业要求：对味觉的研究，并不是单纯意义上的品尝书的味道，而是读者阅读时接受其他感官传授的信息后，反馈给了大脑，然后通过分泌唾液从而触发味觉的感受。往往我们阅读到有意境或有韵味的诗词歌赋时，会情不自禁地分泌唾液，让我们品味句中的奥妙。色彩也会触发我们的味觉，黄、白、桃红会感到甜，绿色会感到酸，灰色和黑色会感到苦。要通过对味觉的研究，营造味觉元素，让读者享受传统纸质书籍所不能带来的新感受。

作业呈交方式：设计实物及照片，效果图电子文档。
尺寸：210mm×285mm；精度：300dpi；格式：TIFF

作业提示：
1. 以味觉为切入点，利用科技手段，丰富书籍形式。
2. 充分考虑书籍的感官效果。
3. 注重书籍的色彩效果。
4. 形式语言的选择要结合书籍的内容以及情感特质。
5. 设计构思做简短的文字说明。

图7.23

该书是用安全可食用的油墨在封缄纸上印刷而成，书套是用糖（Pastillage,一种很容易塑形的糖）制成的。该书是为越南应用艺术博览馆MAK举行的犯罪分子设计展览设计的，不过它已经不再是一本推广类的书籍了，它把焦点放在一个颠覆常理的主题：很容易变质并且尝起来很甜的书，这可以吸引参观者去吃掉它。

一些这样的书在展览的时候被制作出来，当然，少不了参观者的参与。参加晚上活动的参观者会被邀请吃掉封缄纸上的可食用的油墨以及装饰用的糖——这些参观者很乐意！

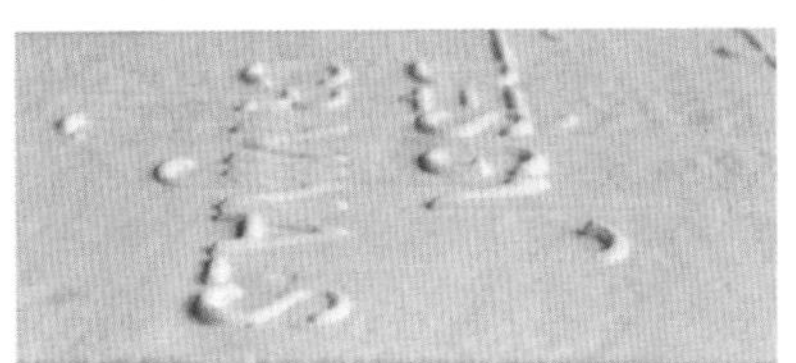

《做得好》采用了隐形墨水印刷的新技术。
这是一本年报，大的部分是年度财务报告，用常规的胶版印刷技术。夹在财务报告里的小册子则是使用隐形墨水印刷，上面记录了Podravka公司成功的秘诀、成功法则，但是这些内容不是每个人都能够轻易找到的。你必须把它放在烤箱里仔细烘焙，才能看到上面的内容。

图7.24

参考文献

[1] 吕敬人. 书艺问道 [M] .北京：中国青年出版社，2006.

[2] 杨永德. 中国古代书籍装帧 [M] .北京：人民美术出版社，2006.

[3] 王绍强. 书形 [M] .江洁译. 北京：中国青年出版社，2012.

[4] ［波］Ryszard Biebert, 关木子编. 书籍设计 [M] .贺丽译. 沈阳：辽宁科学技术出版社，2012.

[5] ［英］Roger Fawcett-Tang. 装帧设计 [M] .黄蔚译. 北京：中国纺织出版社，2004.

[6] 赵健. 范式革命 [M] .北京：人民美术出版社，2011.

[7] 故宫博物院. 尽善尽美——殿本精华 [M] .北京：紫禁城出版社，2009.

[8] ［英］Andrew Haslam，书设计・设计书 [M] .陈建铭译. 台湾：原点出版社，2009.

[9] 吕敬人. 书戏・当代中国书籍设计家40人 [M] .王昕译. 广州：南方日报出版社，2007.

[10]《藏品・书海泛舟》，2010

[11] 耿相新. 中国简帛书籍史 [M] .北京：生活・读书・新知三联书店，2011.

本书在论述的过程中引用了一些来自国内外设计同行的相关论点和作品，由于时间仓促，未能与所有作者取得联系。在此表示真诚的歉意与衷心的感谢。

图书在版编目（CIP）数据

书籍设计／姜靓编著. —北京：中国建筑工业出版社，2013. 12

高等艺术院校视觉传达设计专业规划教材

ISBN 978-7-112-16246-8

Ⅰ. ①书… Ⅱ. ①姜… Ⅲ. ①书籍装帧—设计—高等学校—教材 Ⅳ. ①TS881

中国版本图书馆CIP数据核字（2013）第305013号

责任编辑：李东禧 吴 佳
整体策划：陈原川 李东禧
整体设计：姜 靓
责任校对：王雪竹 关 健

高等艺术院校视觉传达设计专业规划教材
书籍设计
姜 靓 编著
*
中国建筑工业出版社出版、发行（北京西郊百万庄）
各地新华书店、建筑书店经销
北京美光设计制版有限公司 制版
北京方嘉彩色印刷有限责任公司 印刷
*
开本：787×1092毫米 1/16 印张：9 1/4 字数：251千字
2013年11月第一版 2013年11月第一次印刷
定价：49. 00元

ISBN 978-7-112-16246-8
(25001)